国家出版基金项目
NATIONAL PUBLICATION FOUNDATION

中国中药资源大典
——中药材系列
中药材生产加工适宜技术丛书
中药材产业扶贫计划

# 人参生产加工适宜技术

总 主 编　黄璐琦

主　　编　张亚玉　张　强

副 主 编　吴连举　孙　海

U0206514

中国医药科技出版社

## 内 容 提 要

《中药材生产加工适宜技术丛书》以全国第四次中药资源普查工作为抓手，系统整理我国中药材栽培加工的传统及特色技术，旨在科学指导、普及中药材种植及产地加工，规范中药材种植产业。本书为人参生产加工适宜技术，包括：概述、人参药用资源、人参栽培技术、人参特色适宜技术、人参药材质量评价、人参现代研究与应用等内容。本书适合中药种植户及中药材生产加工企业参考使用。

**图书在版编目（CIP）数据**

人参生产加工适宜技术 / 张亚玉，张强主编 . — 北京：中国医药科技出版社，2018.4

（中国中药资源大典 . 中药材系列 . 中药材生产加工适宜技术丛书）

ISBN 978-7-5067-9907-2

Ⅰ . ①人… Ⅱ . ①张… ②张… Ⅲ . ①人参—栽培技术 ②人参—中药加工 Ⅳ . ① S567.5

中国版本图书馆 CIP 数据核字（2018）第 013707 号

美术编辑 陈君杞
版式设计 锋尚设计

出版 中国医药科技出版社
地址 北京市海淀区文慧园北路甲 22 号
邮编 100082
电话 发行：010-62227427 邮购：010-62236938
网址 www.cmstp.com
规格 710×1000mm ¹/₁₆
印张 14
字数 177 千字
版次 2018 年 4 月第 1 版
印次 2018 年 4 月第 1 次印刷
印刷 北京盛通印刷股份有限公司
经销 全国各地新华书店
书号 ISBN 978-7-5067-9907-2
定价 45.00 元

# 中药材生产加工适宜技术丛书
## —— 编委会 ——

# 序

我国是最早开始药用植物人工栽培的国家，中药材使用栽培历史悠久。目前，中药材生产技术较为成熟的品种有200余种。我国劳动人民在长期实践中积累了丰富的中药种植管理经验，形成了一系列实用、有特色的栽培加工方法。这些源于民间、简单实用的中药材生产加工适宜技术，被药农广泛接受。这些技术多为实践中的有效经验，经过长期实践，兼具经济性和可操作性，也带有鲜明的地方特色，是中药资源发展的宝贵财富和有力支撑。

基层中药材生产加工适宜技术也存在技术水平、操作规范、生产效果参差不齐问题，研究基础也较薄弱；受限于信息渠道相对闭塞，技术交流和推广不广泛，效率和效益也不很高。这些问题导致许多中药材生产加工技术只在较小范围内使用，不利于价值发挥，也不利于技术提升。因此，中药材生产加工适宜技术的收集、汇总工作显得更加重要，并且需要搭建沟通、传播平台，引入科研力量，结合现代科学技术手段，开展适宜技术研究论证与开发升级，在此基础上进行推广，使其优势技术得到充分的发挥与应用。

《中药材生产加工适宜技术》系列丛书正是在这样的背景下组织编撰的。该书以我院中药资源中心专家为主体，他们以中药资源动态监测信息和技术服

务体系的工作为基础，编写整理了百余种常用大宗中药材的生产加工适宜技术。全书从中药材的种植、采收、加工等方面进行介绍，指导中药材生产，旨在促进中药资源的可持续发展，提高中药资源利用效率，保护生物多样性和生态环境，推进生态文明建设。

丛书的出版有利于促进中药种植技术的提升，对改善中药材的生产方式，促进中药资源产业发展，促进中药材规范化种植，提升中药材质量具有指导意义。本书适合中药栽培专业学生及基层药农阅读，也希望编写组广泛听取吸纳药农宝贵经验，不断丰富技术内容。

书将付梓，先睹为悦，谨以上言，以斯充序。

中国中医科学院 院长

中 国 工 程 院 院士　张伯礼

丁酉秋于东直门

# 总 前 言

中药材是中医药事业传承和发展的物质基础，是关系国计民生的战略性资源。中药材保护和发展得到了党中央、国务院的高度重视，一系列促进中药材发展的法律规划的颁布，如《中华人民共和国中医药法》的颁布，为野生资源保护和中药材规范化种植养殖提供了法律依据；《中医药发展战略规划纲要（2016—2030年）》提出推进"中药材规范化种植养殖"战略布局；《中药材保护和发展规划（2015—2020年）》对我国中药材资源保护和中药材产业发展进行了全面部署。

中药材生产和加工是中药产业发展的"第一关"，对保证中药供给和质量安全起着最为关键的作用。影响中药材质量的问题也最为复杂，存在种源、环境因子、种植技术、加工工艺等多个环节影响，是我国中医药管理的重点和难点。多数中药材规模化种植历史不超过30年，所积累的生产经验和研究资料严重不足。中药材科学种植还需要大量的研究和长期的实践。

中药材质量上存在特殊性，不能单纯考虑产量问题，不能简单复制农业经验。中药材生产必须强调道地药材，需要优良的品种遗传，特定的生态环境条件和适宜的栽培加工技术。为了推动中药材生产现代化，我与我的团队承担了

农业部现代农业产业技术体系"中药材产业技术体系"建设任务。结合国家中医药管理局建立的全国中药资源动态监测体系，致力于收集、整理中药材生产加工适宜技术。这些适宜技术限于信息沟通渠道闭塞，并未能得到很好的推广和应用。

本丛书在第四次全国中药资源普查试点工作的基础下，历时三年，从药用资源分布、栽培技术、特色适宜技术、药材质量、现代应用与研究五个方面系统收集、整理了近百个品种全国范围内二十年来的生产加工适宜技术。这些适宜技术多源于基层，简单实用、被老百姓广泛接受，且经过长期实践、能够充分利用土地或其他资源。一些适宜技术尤其适用于经济欠发达的偏远地区和生态脆弱区的中药材栽培，这些地方农民收入来源较少，适宜技术推广有助于该地区实现精准扶贫。一些适宜技术提供了中药材生产的机械化解决方案，或者解决珍稀濒危资源繁育问题，为中药资源绿色可持续发展提供技术支持。

本套丛书以品种分册，参与编写的作者均为第四次全国中药资源普查中各省中药原料质量监测和技术服务中心的主任或一线专家、具有丰富种植经验的中药农业专家。在编写过程中，专家们查阅大量文献资料结合普查及自身经验，几经会议讨论，数易其稿。书稿完成后，我们又组织药用植物专家、农学家对书中所涉及植物分类检索表、农业病虫害及用药等内容进行审核确定，最终形成《中药材生产加工适宜技术》系列丛书。

在此，感谢各承担单位和审稿专家严谨、认真的工作，使得本套丛书最终付梓。希望本套丛书的出版，能对正在进行中药农业生产的地区及从业人员，有一些切实的参考价值；对规范和建立统一的中药材种植、采收、加工及检验的质量标准有一点实际的推动。

2017年11月24日

# 前　言

人参是传统名贵的中药，始载于《神农本草经》，列为上品，历代本草均有收载。人参具有"主补五脏、安精神、定魂魄、止惊悸、除邪气、明目、开心益智、久服轻身延年"之功效，千百年来已被世人瞩目，倍受广大消费者青睐。现代研究证明，人参含多种有效成分，其制品能加强新陈代谢，调节生理功能，在恢复体质和保持身体健康上有明显的作用，对治疗心血管疾病、胃和肝脏疾病、糖尿病、不同类型的神经衰弱症等均有较好疗效。

中药材的质量直接影响中药产品质量，中药现代化对传统中药发展的八字方针是"安全、有效、稳定、可控"。而无公害中药材的生产和管理是一项复杂的系统工程，它涉及农业生产和环境保护等众多环节，必须从各个方面做到扎实工作。为此，我们按照《中药材生产质量管理规范》（GAP）的要求标准，根据多年从事药用植物栽培技术研究、生产技术调查，并汲取了前人的实践经验和技术资料，编写了《人参生产加工适宜技术》。

本书主要介绍了人参药用资源，人参栽培技术，人参特色适宜技术，人参药材质量评价等内容。内容丰富，通俗易懂，技术适用，可操作性强，适合我国各地药材生产基地、广大药材种植户、各级农技部门及广大中药科技工作者阅读。

人参为五加科人参属药用植物，人参生产加工中存在很多技术难点还需要在研究和生产实践中进一步完善。由于编者水平和经验的局限，本书存在的疏漏和不足之处，恳请广大读者批评指正。

编者

2017年10月

# 目　录

# 第1章

## 概　述

人参（*Panax ginseng* C. A. Mey.）为五加科人参属植物，其干燥的根和根茎供药用。是传统名贵的中药，被誉为"百草之王"中国"东北三宝"之首。栽培的俗称"园参"；播种在山林野生状态下自然生长的称"林下山参"。园参经晒干或烘干称生晒参；蒸制后干燥称红参；山参经晒干称生晒山参。含有皂苷、挥发油、酚类、肽类、多糖、单糖、氨基酸、有机酸、维生素、脂肪油、甾醇、胆碱、微量元素等多种成分。有大补元气、固脱、生津、安神和益智的功能，是一种名贵的滋补强壮药物。始载于《神农本草经》，列为上品，历代本草均有收载。人参具有"主补五脏、安精神、定魂魄、止惊悸、除邪气、明目、开心益智、久服轻身延年"之功效，千百年来已被世人瞩目，倍受广大消费者青睐。现代医学证明，人参及其制品能加强新陈代谢，调节生理功能，在恢复体质和保持身体健康上有明显的作用，对治疗心血管疾病、胃和肝脏疾病、糖尿病、不同类型的神经衰弱症等均有较好疗效。有耐低温，耐高温，耐缺氧，抗疲劳，抗衰老等作用。据报道还有抗辐射损伤和抑制肿瘤生长等作用，有提高生物机体免疫力的能力。

人参对气候条件要求较严格，世界只有少部分地区适合种植人参。主要进行人参种植的国家有中国、朝鲜、韩国、日本和俄罗斯。中国产量居世界首位，占世界产量的80%以上。我国人参主要分布在吉林省、黑龙江省、辽宁省。产量占全国的90%以上，是东北的道地药材，其中吉林省栽培面积最多，占全国的85%左右。吉林人参主要产自长白山区。长白山人参产量高、质量好，驰名中外。

# 第2章

# 人参药用资源

## 一、形态特征与分类检索

### （一）植物形态

#### 1. 根的形态特征

人参根呈圆柱形或纺锤形，中部分生2～5条支根，长5～20cm，主根中部直径1～3cm；表面淡黄棕色或淡灰棕色，有明显的纵皱纹及细根断痕，主根上部或整体有断续的粗横纹，支根尚有少数横长皮孔。主根顶端有根茎（芦头），长1～4cm，直径0.3～0.5cm，上有凹窝状茎痕（芦碗）一个或多个，交互排列。全须的支根下部尚有多数细长的须状根，其上偶有不明显的细小疣状突起或称珍珠点。生长年龄不同的根形态有差异。

#### 2. 茎叶的形态特征

人参茎类圆形或扁缩，长10～16cm，直径3～7mm，基部平截。茎直立，多数单一，少数为双茎或三茎，不分枝，有纵纹，无毛，基部有宿存鳞片。红果人参茎上部绿色或略带紫色，茎基部紫色；黄果人参其茎全部呈绿色。茎表面黄褐色或黄棕色，光滑，具纵的沟棱，质脆，易折断，断面有大型白色髓。顶端轮生3～6枚复叶，中间偶有残存果梗。掌状复叶轮生茎顶，通常一年生者生1片三出复叶，二年生者生1片五出复叶，三年生者生2片五出复叶，以后每年递增一叶，最多可达6片复叶；总叶柄长3～8cm；小叶3～5片，具短柄，叶片薄膜质，中央小叶片椭圆形至长圆状椭圆形，长8～12cm，宽3～5cm，最外一对侧生小叶片卵形或菱状卵形，长2～4cm，宽1.5～3cm，先端长渐尖，基部阔楔形，下延，边缘有锯齿，齿有刺尖，表面沿脉有稀疏刚毛，下面无毛，侧脉5～6对。

#### 3. 花的形态特征

人参为完全花，由花萼、花冠、雄蕊和雌蕊组成。花萼绿色，钟状5裂；花冠5枚，淡黄绿色，卵状披针形；雄蕊5枚，花药淡乳白色，长圆形，4室；

花丝是花药长的2倍，基部稍粗，花粉粒顶面观呈三角状圆形，侧面观呈圆形；雌蕊1枚，柱头2裂，子房下位，2室，2心皮。每个心室有2个胚珠，通常上胚珠不发育，下胚珠发育成种子，个别情况下，上胚珠同时发育形成两个种子。胚珠顶生倒置。中央边缘胎座。伞形花序单一顶生，总花梗通常较叶柄长，长10～30cm，花30～50朵，稀为数朵，小花梗细，长0.5～1cm，花淡黄绿色；苞片小线状披针形。

**4. 果实、种子的形态特征**

人参果实为浆果状核果，扁球形，直径5～9mm，熟时鲜红色，内含种子2粒。果核椭圆形或倒宽卵形，略扁，长4.8～7.2mm，宽3.9～5mm，厚2.1～3.4mm。表面黄白色或淡黄色，粗糙，背侧呈弓形隆起，两侧面较平，腹侧平直或稍内凹，基部有1小突起，上具1小点吸水孔，吸水孔上方有1脉（有时脱落或部分脱落），由果核腹侧经顶端，再经背侧达基部，脉至果核上端后开始分数枝，凡脉经过处，果核均向内微凹而呈浅沟状，果核壁木质，厚约0.5mm，内表面平滑，有光泽，内含种子1枚。种子倒卵形或略呈肾形，扁，淡棕色，腹侧平或稍内凹，具1黄色或棕黄色线形种脊，到顶端常为2枚，至基部相连于1小突起种柄。花期6～7月，果期7～9月。

**（二）人参属植物的分类**

人参属（*Panax*）最先由瑞典植物学家G. Linnaeus 于1742年建立。该属的模式种是西洋参*Panax quinquefolius* L. 。1960年以后，国内外有关人参属方面的著作表明该属已得到公认，但亚洲种的分类仍较混乱。目前，普遍认为人参属植物在我国有7个种（包括1个外来种）、3个变种。该属植物在全世界共有8个种，3个变种。除三小叶人参（*P. trifolius* L.）产于北美外，全部种类我国皆产。

该属植物为多年生直立草本。根状茎每年生1节，节间紧缩形成或直立或斜生的短根状茎；或节间较粗形成匍匐的竹鞭状根状茎；或节间细长，节结膨大成球形，形成横卧的串珠状根状茎。根膨大呈肉质的纺锤形或圆柱形，或

不膨大，或呈纤维状。地上茎单生，基部有鳞片。叶为3～7片小叶的掌状复叶，于茎顶轮生，稀有托叶。伞形花序单个顶生，有时具一个至数个侧生小伞形花序，花两性或杂性；萼筒具5小齿；花瓣5，离生，稀合生，在花芽中覆瓦状排列；雄蕊5，花丝短，花药卵形或长圆形；子房2室，有时3～4室，稀5室；花柱2，稀3～5，或在雄花中的不育雌蕊上退化为1条；花盘肉质，环形。果实扁球形，有时三角状球形或近球形。种子2粒或3粒，稀4粒，侧扁或三角状卵形。

该属植物分布于亚洲东部、中部和北美洲，是起源于第三纪古热带山区的东亚、北美分布的植物区系成分。该属的现代分布中心在我国西南部。

## 我国人参属植物分类检索表

1 根状茎短而直立，下具胡萝卜肉质根1～5条；种子较大，长5～8mm。

  2 小叶片倒卵形至倒卵状长圆形；伞形花序有花80朵以上；种子卵圆形，微三棱，种皮肿胀，长5～8mm，厚5～6mm ………………………………… **1.三七*Panax notoginseng*（Burk.）F. H. Chen**

  2 小叶片椭圆形至长圆形，或为倒卵形则先端渐尖；伞形花序有花20～50朵；种子两侧压扁，种皮紧贴，长5～8mm，厚2～2.5mm。

    3 叶无毛，或仅表面脉上疏生长约1mm的刚毛，先端短渐尖，边缘具密短锯齿，叶柄基部具毛状附属物；肉质根通常1～2条，有时分枝。

      4 总花梗与叶柄等长或近等长；小叶片脉上刚毛疏少或无毛，锯齿不规则而稍粗大 …………………… **2.西洋参*Panax quinquefolius* L.**

      4 总花梗长过于叶柄；小叶片表面脉上疏生细刚毛，锯齿细密 ……………………………………………… **3.人参*Panax ginseng* C. A. Mey.**

    3 叶表面沿脉较密生长达1.5～2mm的刚毛，背面无毛，先端长尾状渐尖，边缘具重锯齿，叶柄及小叶柄基部均具多数披针形的托叶状附属物；肉质根2～5条，簇生 ………… **4.假人参*Panax pseudoginseng* Wall.**

1 根状茎长而匍匐，通常无肉质根；种子较小，长3～5mm，厚2～4mm，卵圆形。

5 肉质根肥厚成姜块状；小叶片无柄或近无柄；花序通常单一，花柱2，合生至近中部 ………… **5.姜状三七***Panax zingiberensis* **C. Y. Wu et K. M. Feng**

5 肉质根胡萝卜状或无；小叶常具明显的叶柄；花序常分枝，花柱2～4（5），分离。

6 叶片通常不裂，罕为羽状浅裂。

7 根状茎节间短而增厚，节不膨大，有时具肉质根。

8 叶长椭圆形至阔倒卵形，长为宽的4倍以下，最宽处在中部或中部以上，宽3～5cm，先端长尖 ……… **6a.竹节参***Panax japonicus* **C. A. Mey.**

8 叶窄披针形，长为宽5倍以上，最宽处在中部以下，宽不足3cm，先端长尾状渐尖 ……………………………… **6b.狭叶竹节参***Panax japonicus*. C. A. Mey. var. *angustifolius*（Burk.）C. Y. Cheng et Chu

7 根状茎节间伸延而纤细，节膨大为球形，通常不具肉质根 ……………… **6c.珠子参***Panax japonicus* **C. A. Mey. var.** *major*（Burk）**. C. Y. Wu et K. M. Feng**

6 叶片常为羽状半裂至深裂。

9 根状茎节间延伸而纤细，节膨大或有时节间缩短增厚而具肉质根；叶1～2回羽状浅裂至深裂，两面脉上常疏生细刺毛，叶柄基部不具托叶状附属物；花序较叶长；果熟时红色或上黑下红至黑色 ……… …………………………………………………………… **6d.羽叶参***Panax japonicas* C. A. Mey. var. *bipinnatifidus*（Seem.）**C. Y. Wu et K. M. Feng**

9 根状茎节间缩短而增厚，节不膨大，常具肉质根；叶不裂至羽状半裂，上面脉上疏生较长刺毛，叶柄基部具少数卵圆形托叶状附属物；花序较叶短；果熟时深红色 ……… …………… **7.屏边三七***Panax stipuleanatus* **H. T. Tsai et K. M. Feng**

## 1. 三七*Panax notoginseng*（Burk.）F. H. Chen

多年生草本，高30～60cm。根茎短，初二三年内直立，以后逐渐倾斜生长，肉质根一至数条，倒圆锥形或圆柱形，常有疣状突起的分枝。茎直立，单生，不分枝。掌状复叶2～5枚，轮生于茎顶；叶柄长4～10cm，无毛，基部具多数披针形或卵圆形的托叶状附属物；小叶5～7片，罕有3片或多达10片的，叶片膜质，倒卵状椭圆形，基部圆形至宽楔形，略偏斜，边缘有细密锯齿，齿端有刚毛，两面脉上也疏生刚毛。伞形花序顶生，总花梗长15～30cm，花小，多数两性，有时杂性，小花梗长1cm，果时延长到2.5cm，基部具多数鳞片，状苞片，花在80朵以上；萼5齿裂，裂片三角形；花瓣5，卵圆形，较萼片长；雄蕊5，花药背着，内向纵裂；子房下位，2～3室。果近肾形，稀三棱，径约1cm，熟时红色；种子1～3粒，白色，卵球形（图2-1）。栽培于云南南部和广西南部，福建、浙江、江西、广东和四川等地有试种。

图2-1　三七

## 2. 西洋参 *Panax quinquefolium* L.

多年生直立草本，全体近无毛。根茎极短，直立，主根肉质，纺锤形，有时呈分歧状。茎单一，不分枝。掌状复叶3～4枚，轮生于茎顶，叶柄和5～7cm，小叶5片，小叶柄长1.5cm，最下2片小叶近于无柄，叶片薄膜质，广卵形或倒卵形，先端急尖，基部楔形，两面无毛或有时仅表面脉上有极少刚毛，边缘具不规则粗锯齿。伞形花序顶生，总花梗与叶柄近等长，花多数，小花梗基部有卵形小苞片1枚，萼筒基部亦有三角形小苞片1枚；花萼钟状，先端5齿裂；花瓣5，绿白色，短圆形；雄蕊5，与花瓣互生；子房下位，2室，花柱2，上部分离呈叉状，下部合生；花盘肉质，环状。果实扁圆形，熟时鲜红色（图2-2）。

原产加拿大及美国。目前，我国已形成西洋参产业，在东北、华北、华中及康滇4大生态气候栽培区大面积栽培。

### 3. 人参 *Panax ginseng* C. A. Mey.

多年生草本，高30～60cm。根状茎（芦头）短，直立，每年增生1节，有时其上生有少数不定根，俗称"芋"。主根粗壮，肉质，纺锤形或圆柱形，下部有分枝，外皮淡黄色。茎直立，有纵纹，无毛，基部有宿存鳞片。掌状复叶轮

图2-2　西洋参

生茎顶，最多可达6片复叶；总叶柄长3～8cm；小叶3～5片，具短柄，叶片薄膜质，中央小叶片椭圆形至长圆状椭圆形，长8～12cm，宽3～5cm，最外一对侧生小叶片卵形或菱状卵形，长2～4cm，宽1.5～3cm，先端长渐尖，基部阔楔形，下延，边缘有锯齿，齿有刺尖，表面沿脉有稀疏刚毛，下面无毛。伞形花序单一顶生，总花梗通常较叶柄长，花30～50朵，稀为数朵；花萼具5枚三角形小齿；花瓣5，卵状三角形；雄蕊5，花丝短，花药长圆形；子房下位，2室，花柱上部2裂；核果浆果状，扁球形，熟时鲜红色；种子2粒，肾形，乳白色（图2-3）。

图2-3　人参

生于海拔数百米的针阔叶混交林或杂木林下。吉林、黑龙江、辽宁等地有大量栽培。山东、河北、山西、湖北等省及北京地区均有引种栽培。

### 4. 假人参 *Panax pseudoginseng* Wall.

多年生草本。根状茎短，横生，呈竹鞭状，有2至数条肉质根。茎单生，无毛，基部有宿存鳞片。掌状复叶4枚轮生于茎顶，叶柄长4～5cm，具披针形小

托叶；叶片薄膜质，倒卵状椭圆形至倒卵状长圆形，边缘有重锯齿，齿有刺尖，表面脉上密生刚毛，下面无毛。伞形花序单个顶生，有花20～50朵；总花梗长约12cm，无毛；苞片不明显；萼杯状，边缘具5个三角形齿；花瓣5；雄蕊5；子房二室，花柱2，离生，反曲。

生于海拔2450～4200m的密林下。中国西藏南部有分布。

### 5. 姜状三七 *Panax zingiberensis* C.Y. Wu et K. M. Feng.

多年生草本。高20～60cm。根状茎匍匐生长，节间缩短而增厚，肉质根姜块状。茎单一。掌状复叶3～7枚，轮生于茎顶；叶柄长8～15cm，小叶片近无柄，长椭圆状倒卵形，边缘重锯齿，两面脉上疏生长约1～1.5cm的刚毛。伞形花序单个顶生，有花80～100朵；总花梗较叶柄长，花小，紫色；萼齿扁圆形至扁三角形；花瓣早落；子房2～3室，花柱2，合生至中部，柱头下弯。浆果卵圆形，红色，成熟时变黑，种子1～2粒，卵圆形，白色，微皱。

生于高山林中密荫下。分布于云南南部至东南部。

### 6. 竹节参 *Panax japonicus* C. A. Mey.

多年生直立草本。根状茎肥厚，匍匐状，具竹节状结节，每节上有1茎痕，部分侧根肥厚呈纺锤形，余成线状细根。地上茎有时疏生刺毛。掌状复叶3～5枚轮生于茎顶；叶柄长11～13cm；小叶5～7片，膜质，长椭圆形至阔倒卵形，边缘具粗大锐锯齿或较小重锯齿，齿端有细刺尖。伞形花序顶生，单一或分枝；花序梗长约30cm；花白色；萼筒钟状，先端5裂；花瓣5片，椭圆形，覆瓦状排列，雄蕊5，花丝短；雌蕊1，花柱2～3裂；花盘平坦。果实扁球形，熟时红色。种子2～3粒，球形，白色。

生于海拔1600～3200m的山林中，多生于1500～2500m的竹林或杂木林下密荫处。分布于山东、江苏、安徽、浙江、江西、湖南、湖北、四川、贵州、广西、云南等省区。

**7. 狭叶竹节参 *Panax japonicus* C. A. Mey. var. *angustifolius*（Burk.）Cheng et Chu**

本变种与正种的主要区别点为：小叶7片，纸质，形狭长，长5～12cm，宽1.7～2cm，边缘有整齐的细锯齿。

生于海拔1000～3000m阔叶林下或箭竹林下阴湿处。分布于四川、云南、贵州等省。

**8. 珠子参 *Panax japonicus* C. A. Mey. var. *major*（Burk.）C. Y. Wu et K. M. Feng.**

本变种的根状茎细长，弯曲横卧，节间纤细，节膨大为球形或有时为纺锤形，偶见部分结节密生呈竹鞭状，通常不具肉质根。

生于海拔2500～4000m 的竹林下或杂木林中阴湿处。分布于河南、山西、陕西、甘肃、四川、贵州、云南、西藏等省区。

**9. 羽叶参 *Panax japonicus* C. A. Mey. var. *bipinnatifidus*（Seem.）C. Y. Wu et K. M. Feng.**

本变种的根状茎节间细，节膨大为球形，呈串球状根茎，稀为竹鞭状。叶二回羽状半裂至深裂，少有一回羽状深裂，裂片又有不整齐的小裂片和锯齿。

生于海拔1500～2500m的阔叶林下阴湿处。分布于湖北、陕西、甘肃、四川、云南、西藏等省区。

**10. 屏边三七 *Panax stipuleanatus* H. T. Tsai et K. M. Feng.**

多年生草本，高30～75cm。茎单一或根出2叉，通常较粗壮。根状茎横卧，增粗，呈"之"字形曲折，具明显疤痕；肉质根胡萝卜状。掌状复叶3～4枚轮生于茎顶；叶柄长3～9cm，无毛，基部具卵形托叶状附属物；小叶（3)5～7枚，膜质，倒卵状长圆形，稀倒卵形，先端通常钝形，基部偏斜至半圆形；小叶边缘具刺状细锯齿，或羽状成3～8个缺刻状的裂瓣，裂片具刺状细锯齿；叶面沿脉疏生开展或近于垂直的硬毛。伞形花序单个顶生，总花梗与叶柄等长或稍短，萼片为扁圆形或扁三角形，花瓣黄色，长圆状卵形，雄蕊较花瓣长，花药变白色；花柱2，伸

长。果黑红色。种子1～2粒。卵圆形，肿胀，长宽约5mm。

生于海拔1100～1300m混交林中。分布于云南东南部。

## 二、生物学特性

### （一）人参根的生物学特性

人参的根是由越冬芽、根茎、主根、侧根、支根、不定根以及根毛所组成。

#### 1. 人参越冬芽发育特性

（1）越冬芽的形成　人参是多年生宿根地下芽植物，除一年生植株由种子发育而成外，二年生以上植株均系由越冬芽发育而成的。在秋季地上部分枯萎后，在参根顶部的根茎上形成1个乳白色的越冬芽，内有分化完整的茎、叶和花序的雏形体。越冬芽形成后，在地下土壤中越冬休眠，第2年春季由越冬芽生长出地上植株。

人参越冬芽约在6月末地上部分茎叶停止生长时，开始分化并缓慢生长。在东北地区栽培的人参，一般8月初采种后，越冬芽生长发育加快，在9月，越冬芽形态发育基本完成。这个时期如剖检越冬芽，可以见到有明年待出土生长的地上部器官的雏形。一年生人参根的越冬芽中只有茎和1枚掌状复叶的雏体和1个越冬芽原基。越冬芽原基在茎基部的内侧；二年生人参根的越冬芽中，有茎和两枚掌状复叶及花序的雏形体，茎基内侧也有1个越冬芽原基；三至六年生人参根的越冬芽中，有3枚以上的掌状复叶及茎和花的雏形体。

人参根茎上有圆盘状的老茎残痕，俗称"芦碗"，可用于鉴别参龄。在栽培人参，每个芦碗可代表一年，但对野生人参来说，每个芦碗代表数年。当这越冬芽受损后，有时其地下部分并不死亡，并能在土壤中休眠一至数年，待内外条件适合时又能重新生长，同时其个体发育特征也会出现逆转，如五批叶植株在休眠后其地上部分会长出三批或二批叶。

（2）越冬芽的休眠特性　人参越冬芽在9月形成发育完成之后，如果给予它常规的萌发条件，即出苗所需求的温度、水分等条件，仍然不能萌发出苗。还必须经过低温休眠期，才能萌发出苗。这就是人参越冬芽的休眠特性。

人参越冬芽在秋季完成形态发育之后，还必须在2～3℃下经过2个月以上的低温阶段完成生理后熟才能萌芽。生产上，多在漫长冬季田间自然条件下，通过低温阶段，为避免越冬芽受冻，应注意防寒越冬。

未经低温阶段的越冬芽，用赤霉素50mg/L浸泡24小时或赤霉素100mg/L浸泡12小时代替低温作用，解除生理后熟提早出苗。在适宜条件下，一般经20～30天出苗。

（3）潜伏芽的生长发育特性　人参根茎的节上都有潜伏芽，位于每个茎痕的外侧边缘。潜伏芽在正常情况下不生长发育。在多个潜伏芽中，一般是基部的潜伏芽休眠深沉，上部靠近茎处的潜伏芽较易萌发。在植株生长健壮、光合产物积累丰富时，个别的潜伏芽可以生长发育成新的越冬芽。这个越冬芽也可以完成形态后熟和生理后熟，在第2年春季萌芽出苗，形成双茎人参，即1个地下根，2个地上植株。如果有2个潜伏芽能同时完成形态和生理后熟，第2年同时萌发出苗，就形成了1个人参根上长出3个地上植株。在生产中称之为多茎人参。

人参的潜伏芽在一般情况下并不发育成越冬芽，只是在越冬芽或地上部植株受到损害的情况下，才由潜伏芽发育成越冬芽，以确保其生长发育。根据这一特性，采用切除越冬芽或激素刺激法，促使潜伏芽形成2个或3个越冬芽，培育多茎人参，以增加人参地上部的植株数，提高光合作用量，达到增产的目的。由于潜伏芽的生长发育完全靠人参根自身的营养，所以由潜伏芽发育成的越冬芽比较瘦弱，第2年出苗时，植株表现矮小，复叶较少。

2. 根的生长发育规律

（1）人参根的生长发育　秋播或春播已完成形态后熟和生理后熟的人参种子，于4月中下旬胚根伸长，伸入土中形成幼主根，同时幼苗开始出土。在5月中旬，从幼主根上发出幼支根，5～6月主根开始伸长，7～8月进入生长旺期，此期间支根增加到20～30条，主根长5cm以上。在幼主根和幼支根生长初期，其内部以含水为主，呈半透明状。从6月上旬开始幼主根上部逐渐木栓化，至7月上旬形成白色主根。8月上旬幼主根开始木栓化，其中大部分失水脱落，仅保留4～5条老熟的白色支根。在主、支根木栓化时，根毛随表皮脱落而更新。

人参从二年生开始，主、支根伸长变粗，须根增加，构成基础根系，当进入三年生时，从主根顶部与根茎连接处发出不定根。随年龄增长，人参根系逐年增长，加粗，增重，形成主根、支根、须根、不定根发育均衡的完备根系。六年生参根，一般具备2～3条须根，1～2条不定根，数十条须根，主根长6cm以上，平均根重50～80g，个别可达300g。当主根发育不利或受损伤时，从根茎下部可发出较多不定根，多达5条，以代替主根吸收营养和积累干物质，维持人参的生存。人参生长到6年以后，参根增长速度逐渐减慢，延长栽培年限，将得不偿失。因此，生产上多采取6年栽培制。

人参根在1年的生长过程中变化很大，据丁希泉研究，四至六年生人参根在1年内的生长过程中呈"S"形曲线变化。人参出苗后，地上部器官迅速生长，主要消耗参根中积累的营养物质，参根重量逐渐减轻，至出苗20～22天参根重量达最低值，此阶段应特别注意提高土壤温度，防止土壤湿度过大，以促进出苗，有利幼苗生长。人参进入开花期，地上部和地下部同时开始旺盛生长，参根增重似直线上升，直至出苗后120～130天后，即地上部分枯萎前，参根增重达最大值，此阶段应特别注意调光、供水、施肥，以满足人参生长需要。人参地上部枯萎后，参根不再增重，反而因呼吸消耗而减重，此期应注意防寒越冬。

（2）人参根的特性

①人参根的收缩特性：人参根具有收缩特性，这种特性在山参上表现得更为明显。栽培人参的这种特性虽然不如山参明显，但也可以看出由于主根收缩，而在主根上形成许多环形横纹，或叫皱纹。二至三年生人参主根横纹很少，甚至不易看出，随着参龄的增长，横纹逐渐增多。由于栽培人参生长条件

较好，根生长速度快，生长年限短，所以形成的皱纹粗、不紧密，而且散乱、不规整。

　　参根的收缩特性，是人参长期在土壤中生长发育形成的对冬季严寒的适应性。这种特性的产生有重要的生物学作用。人参在生长发育过程中，每年都在根茎顶部形成越冬芽，第 2 年由其萌发出地上植株。这样致使根茎逐年延长，越冬芽上移。

　　人参根的收缩特性，也给人参带来不利方面，致使主根的输导组织随着参根的收缩而弯曲，受到破坏或堵塞，使生理功能受到障碍。参龄越大，主根收缩越严重，人参生长速度越缓慢。因此，尽管山参可以生长几十年，甚至上百年，但是参根生长的并不大。园参生长到 6 年以上，参根的生长速度也减慢。

　　②反须现象：由于人参长期在林下或棚下生长，土壤底层板结、冷凉，当参根向下生长到一定程度时，须根和部分支根便不再向下伸展，转向水平方向伸展，以寻求较为温暖、疏松、肥沃的土壤条件。向水平方向生长的须根及支根，逐渐集中到一定深度的表土中，吸收养分和水分，供生长发育的需要。这种现象通常称为"反须"。这种"反须"现象的实质是植物根系在土壤中长期生长形成的趋向适宜环境条件的现象，是由于这种趋向性超过了植物根系的向地性而产生的。

　　如果参畦土层加厚，35cm 以上，底层土壤疏松、肥沃，则这种"反须"现象就可以减轻。在生产中，根据人参根的这一特性，在移栽时采用斜栽或平栽法，即将主根斜卧或平卧在土壤中，使整个根系均活动在水分、养分和温度适宜的土层中。

### （二）人参地上部的生长发育

　　二年生以上人参每年春季由其土中的越冬芽生长出地上部植株。成熟的越冬芽已具备地上部的器官——茎、叶、花的雏形，当春季出土后，地上部各器官一次发出，以后的生长只是形体的增大。因此，一旦因病或其他原因茎叶受到损伤，当年内不再另行发出，只好等待下一年由新的越冬芽萌生。

人参是生长发育缓慢的植物。一年生人参地上部只有3枚小叶构成的1个三出复叶，小叶柄很短；二年生人参的地上部是由5枚小叶构成的掌状复叶；三年生人参有2个掌状复叶；四年生人参有3个掌状复叶；五至六年生人参有4～5个掌状复叶；六年生以上人参，也可能有6个掌状复叶，但为数不多。如气候条件和土壤营养条件适宜，二年生人参也可能长出2个复叶，三年生人参可生长出3～4个复叶。

根据植株地上部在1年内生长过程中形态特征的变化，可将人参生育期分为出苗期、展叶期、开花期、绿果期、果实红熟期和枯萎期。全生育期长短，因纬度及海拔高度而异。我国东北人参产区，地处中温带，全生育期一般在130～150天。

### 1. 出苗期

北方人参主产区一般在5月上旬开始出苗。人参出苗时的特点是，地上植株雏形在越冬芽内萌动后，呈弯曲状出土，之后渐渐开始直立生长。人参从越冬芽萌动到长出地面，需15～17天。出土后地上部迅速生长，在10～15天内，地上部分可以生长到全株的2/3。人参出苗期，花序不明显，进入展叶期以后，花序才开始渐渐明显生长。

### 2. 展叶期

出苗后的人参叶片呈现卷曲褶皱状，不久渐渐展开呈平面状，这个过程称为展叶期。此期持续10～15天。

人参展叶期的生长过程是，出苗后茎开始由弯曲渐渐伸直，叶片由褶皱状渐渐伸开，经过5～7天叶片全部展平，皱纹消失，最后叶片由深绿色有光泽变为黄绿色，少光泽。在人参叶片边伸展边增大过程中，茎也随之增高加粗，并且变得坚挺，花序也同时生长发育。在展叶初期，花序生长缓慢，展叶后期生长加快。展叶期是人参地上部生长最快的时期。进入开花期，人参地上部茎叶停止增长。这个时期，加强田间管理，创造适宜条件，以促使人参植株的地上部分健壮生长，为地下部的良好生长奠定基础。

### 3. 开花期

人参的小花萼片和花瓣展开后，露出乳白色的花药，即为开花。从第1朵小花开放开始到最末1朵小花开放结束为止，为开花期。在人参产区长白山地带栽培的人参，开花期在5月下旬至6月上旬。开花期是人参繁殖器官的旺盛生长期。此期，地上部的营养器官——茎、叶、花梗基本停止增长，达到了1年内的生长高峰。在这个时期，人参叶片光合能力最强，根系的吸收和生长能力最高，因此有利于繁殖器官生长发育。在这个时期，人参根由前一时期减重开始转向增重。一般在生产中，在这个生长时期进行追肥和调控水分，保证人参生长发育的需求。

### 4. 结果期

在正常情况下，小花开放3～5天后子房就明显膨大，标志着进入结果期。人参产区东北长白山地带，6月上旬至中旬为结果期，此期间，人参根生长旺盛，地上部器官的生长达到顶峰。当果实逐渐由绿变红，即达到红果成熟期，也叫红果期。在人参主产区果实红熟期为7月中下旬，8月初即可开始采收。在果实红熟期，人参根和越冬芽进入快速生长阶段。

### 5. 枯萎期、越冬期

在东北长白山地带人参产区，9月中旬至10月初，在低温和霜冻影响下，人参茎叶开始变黄枯萎，地上部的光合作用近于停止，营养物质大部分向根部输送，参根增重率由高峰渐减，拟当年收获的人参，此期间可以全部撤去参棚，准备收获；当年不收获的人参，则可做越冬防寒的准备。人参地上部在秋季枯萎脱落后，每年在主根的顶端根茎上留下1个茎痕，致使根茎逐年延长，茎痕逐年增加，可根据茎痕数量的多少鉴别人参生长年限。

### （三）人参开花习性

人参植株，一般三年生开始开花，二年生开花者少见。开花数目，随年龄的增长而增加。

### 1. 出苗至始花期所需天数

人参的花芽在头一年夏季就已经形成，并发育成完整花序，蕴藏于越冬芽内。翌春，越冬芽萌动，花序与茎、叶一起出土，但出苗至始花所经历的天数并不一致。田间栽培的人参，最短与最长相差8天，这与出苗早晚有关。人参是长日照植物，前期出苗所遇到的光照度及时间往往比中后期弱，温度也较中后期低，这样就延迟了花的发育，故出苗至始花期所经历的天数多。

### 2. 单花序开放情况

人参为伞形花序，开花时外缘小花先开，依次逐渐向中心开放。由始花到整个花序开花结束所经历的时间为序花期，一般为7～15天，其中以8～10天者为最多，约占70%。开花期随参龄的增长而延长，三年生平均为7天，四年生平均为8天，五年生平均为9～10天。人参开花后，每天连续开放，仅有个别年龄小、生长不健壮的植株出现隔日开花现象。一般前期开花数目较多，后期逐渐减少。

### 3. 单花朵开放情况

在正常情况下，人参开花时5个花瓣逐渐开裂，先有1个花瓣张开30°～45°角，随之其他花瓣相继开裂，可见有白色花药完全包围柱头，当花瓣张开到90°角左右时花粉可散出。人参在一昼夜内开花时刻多集中在7:00～16:00，占总开花数的98.6%，其中以8:00～11:00为最多，占55.64%。人参开花与温湿度关系十分密切，气温在13～23.9℃条件下人参开花较多，占总开花数的86.83%，其中以15～26.9℃为最多，占63.35%，低于12℃或高于26.9℃不开花；空气相对湿度在47%～78%的条件下开花最多，占总开花的81.16%，相对湿度低于35%不开花，相对湿度高于91%开花甚少，只占总开花的6.28%。

### 4. 人参花粉特性与授粉特点

人参在现蕾期，雄蕊花丝长度短于花药纵长，花药密围于雌蕊柱头周围，此期花粉尚未成熟，药壁不开裂。在2～3片花瓣展开后，花丝显著伸长，约为花药总长的2倍，此期剖检花药可见花粉粒，放置5小时观察，发现花粉已出现乳突。当5枚花瓣全部展开时，花药开裂，花粉散落于柱头，部分花粉已发芽，

此期花粉生命力最强，授粉最适宜。

不同开花程度的花粉生命力不同，未裂花药的花粉，在黑暗、干燥、低温下可保存5～7天，在室内一般条件下可保存3天；已裂花药花粉在黑暗、干燥、低温下可保存3天。据研究，人参未裂花药（含水量26%～32%）经冷冻预处理，以20%蔗糖或10%甘油为冷冻保护剂，在液氮中进行超低温保存，可使花粉生命力由几天延迟到11个月以上，这对开展人参属植物间杂交及保存种质资源有重要意义。

人参以自花授粉为主，但因雄蕊先熟，容易进行风媒或虫媒授粉，所以自然异交率很高，为11%～27%，因此称人参为常异花授粉植物。在人参良种选育或纯繁时，应采取有效措施防止异交。

### （四）人参种子的生物学特性

#### 1. 人参的果实和种子

人参花授粉后，经2～3天，子房开始膨大，一般在花凋谢后7天左右的时间内，子房生长迅速，大约15天即可形成绿色的果实。成熟的人参果实呈红色，黄色少见，内含2粒种子，3粒者甚少。果实在成熟过程中，子房壁内层逐渐木质化，最后形成坚硬的内果皮，子房壁外层变为肉质多汁的果肉。五年生人参单株可采果实4～5g，果实出粒率（干重）为20%～25%。果实成熟后，种子被包于坚硬的内果皮中，构成果核，通常生产上将其称为"种子"。

#### 2. 人参种胚的生长发育

人参的种胚发育非常迟缓，授粉后25小时卵才受精；卵受精后20小时进行第1次分裂；授粉后17天，人参胚只有十几个细胞，胚长48～50μm；授粉后30天，人的肉眼刚刚能辨认出种胚；授粉后50～60天即果实成熟时，胚长只有0.32～0.43mm，胚率（胚长／胚乳长×100%）为6.7%～8.2%。与能够发芽种子的种胚相比，只有发芽种子胚长的1/10。人参种子发育缓慢，不仅表现在植株上的发育，而且还表现在种子催芽处理期间。自然成熟的人参种子，从种胚0.32～0.43mm长到3.48～3.54mm（能萌发种子的胚长），在适宜的条件下需要

3～4个月。因此，人参种子采收后，必须经过后熟过程，才能发芽出苗。人参种子后熟过程，可分为胚形态后熟和生理后熟两个阶段。

### 3. 种子休眠特性

自然成熟的人参种子具有休眠特性，例如在吉林省较寒冷地区（抚松、长白、靖宇、敦化等），8月上旬采种，采收后立即洗去果肉果皮并播种，种子要在第3年春天，即经过21个月才能出苗；在较温暖的地区（吉林省的集安、辽宁省桓仁、本溪、新宾等），7月下旬采种，采后脱去果肉果皮并立即播种，第2年春季即经过9个月才能发芽出苗。人参种子为什么要经过这么长时间才能发芽呢？这和人参种子具有形态休眠（又叫形态后熟）和生理休眠（又叫生理后熟）的特点，以及形态休眠和生理休眠的条件不一致有关。

（1）种子形态休眠　种子形态休眠又叫形态后熟或种胚后熟，也就是说人参种子自然成熟时种胚还不够大，需要在自然或人工条件下继续生长，直到够大为止。前面介绍了自然成熟种子种胚0.32～0.43mm，而一般萌发种子的种胚长4.5～5.5mm，能够萌发种子的最小胚长3.48～3.54mm，即胚长约占种子长的2/3。

各地经验认为，人参种胚形态后熟的适宜温度为18～20℃，低于15℃或高于25℃时，种胚生长缓慢。生产上认为种子处理前期（种胚后熟的前期）温度18～21℃为好，后期适宜温度15～18℃，积温达到971～975℃；种子处理期间，特别是形态后熟前期，低于10℃种胚便停止生长，超过30℃则易烂种。种胚后熟期间，最好把种子混拌在湿润的河沙或腐殖土中，种子与沙子比例以1：3为宜，这样可以预防种子伤热或霉烂。混拌河沙的含水量，前期12%～14%，后期10%～12%；混拌腐殖土的含水量，前期35%～40%，后期35%左右。含水量的简易检查方法是：用手抓一把沙子或腐殖土，轻轻一握就成团，1m高处自然落地就散开为最适宜。温湿度适宜时，90～120天就能完成形态后熟。

人参种子形态后熟的快慢与种子成熟度和后熟条件有关，一般成熟饱满的种子，特别是种胚大的种子形态后熟快，90天左右就能完成形态后熟。在种胚

后熟条件中，温度和生长调节物质对种胚后熟速度影响很大，前期温度20℃，后期温度15～18℃，种胚生长最快。用生长调节物质处理参籽后再催芽，能加快种胚后熟进程，其中赤霉素（GA或GA₃）效果好。试验证明用50～200mg/L的赤霉素液浸参籽18小时，捞出稍控干后混沙处理参籽，30天左右就有裂口参籽出现。目前在生育期短的地方，采用100～200mg/L的赤霉素液浸新鲜参籽18小时，然后进行常规种子处理，70天左右种胚就完成了形态后熟，然后播于田间，靠自然低温使之通过生理后熟第2年春就能全部出苗。

试验调查表明，人参籽种胚长度达到或超过胚乳长的2/3就算种胚完成了形态后熟，这样的种子通过生理后熟后才能出苗；种胚长度未达到胚乳长2/3时，就未完成形态后熟，这样的种子不能通过生理后熟，当然也不能按期出苗。

（2）人参种子生理后熟　人参种子完成形态后熟后给予适宜萌发的温湿度条件，参籽仍不能萌动出苗，即便胚率达到100%，也不能萌动出苗，这是由于人参种胚还具有生理后熟的特性，也就是说人参种子种胚的生理后熟未完成的缘故。

低温是人参种胚生理后熟的必要条件。在自然条件下，完成形态后熟的人参种子（胚率在70%以上），在0～10℃条件下，70天左右才能通过生理后熟。有许多资料证明，在0～5℃条件下，60天左右就能完成生理后熟。

由于各地低温期的条件不一，人参种子生理后熟期的长短也不一样，一般温度低的地方时间短些，温度高的地方时间稍长些。当自然低温不能满足参籽生理后熟条件时播于田间的种子就不能出苗，这样的地区也不适宜发展人参。

有些生产单位或参户经常询问，我们那里自然低温足够，人参种子裂口率50%～70%，为什么经低温处理后，只有40%～50%能出苗？我们认为，第一，把裂口多少当作形态后熟标准是不对的，因为裂口70%时，这70%的裂口种子的种胚长，只有40%～50%达到种子胚乳长的2/3，其余种子的胚长均未到胚乳长的2/3，即处理的种子有50%～60%未达到形态后熟标准，这部分种子在遇到低温时，对生理后熟无效，所以第二年仍不能出苗；第二，人工处理参籽时，检查种子是否完成形态后熟，要挤出种胚，检查种胚是否达到胚乳长的2/3；以裂口率为检查标准时，裂口率达90%以上的种子，其胚长都能达到胚乳长的2/3；第三，种子生理后熟温度是0～10℃，以0～5℃为最好，有些单位把裂口参籽直接送冷冻库冻存，误认为冷冻也能通过生理后熟，这是不对的，其一，冷冻温度（−4～−10℃）对人参种胚生理后熟无效；其二，这样急冻急化易使参籽发生冻害。我们认为，在生产上处理参籽时，常因水分、温度条件的差异，延缓了种胚发育速度，到播种时种胚形态后熟未完成，出现这种情况时，不要急于播种，仍要把种子移入室内继续处理。当种胚形态后熟完成后，用40～100mg/L的赤霉素液浸种6小时，捞出控净水，渐渐降温，直到0℃以下后再拌细土送冷冻库冻存。

### 4．人参种子的生活力

由于人参种子有休眠特性，因此有的生产单位对当年采收的人参种子，并不立即进行催芽处理，而是将其贮放在库房内，伺机进行处理。如果贮藏库房的条件不好，或者贮放的时间过长，贮藏保管的方法不当，都会使人参种子的生活力降低，甚至失去生活力。人参种子在常规贮存条件下贮存1年，种子生活力降低10%左右；保存17个月，生活力可降低14%，贮存2年，生活力降低95%左右。这表明人参种子寿命短，所以生产上都是年年留种，播种或处理新鲜种子。

人参种子是人参生产的重要繁殖材料，种子好坏直接影响人参质量，所以识别或检查种子好坏，是每个生产者必须掌握的基本技术。一般新采收的种子，种壳白色，胚乳色白且新鲜，种壳若为淡黄色，应检查是否是陈子或种子鲜时是否伤热。陈子种壳淡黄色（贮存1年子）或黄色（贮存2年或2年以上的参子）；去掉种壳看种仁时，近胚一端胚乳似油浸状，2/3的胚乳仍为白色，为贮存1年的参子；整个种仁油浸状，黄色或淡黄色是贮存2年或2年以上的种子，不能作种用。为最大限度保持种子在贮藏期间的生活力，拟贮藏的种子必须干燥清洁（含水量在12%以下），放于干燥、通风、阴凉处保存。

### （五）人参有效成分的分布和积累动态

人参中含有苷类、挥发油、脂肪、氨基酸、肽类、单糖、维生素、甾醇、黄酮类等成分，其中多数成分都有药理活性，有些成分虽无药理活性，但对人参的生长发育和加工质量有影响，间接地影响其药理活性，了解掌握这些物质的分布及变化规律，对科学栽培和利用人参具有重要意义。

#### 1. 成分的分布

目前人们以皂苷含量的多少作为衡量人参质量好坏的主要标准。据试验测定，人参花蕾含皂苷15%左右、参叶含10%左右、果肉含8.9%、茎含2.1%、种子含0.7%、须根含10%左右、根茎含6.4%、不定根含4.9%、主根含3.4%（表2-1）。

表2-1　不同器官皂苷含量

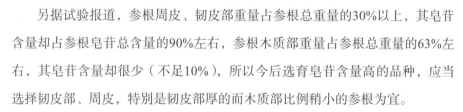

| 测定部位 | 根 | | | | 茎 | 叶 | 花蕾 | 果肉 | 种子 |
| --- | --- | --- | --- | --- | --- | --- | --- | --- | --- |
| | 主根 | 参须 | 不定根（芦） | 根茎 | | | | | |
| 总皂苷含量（%） | 3.40 | 10.00 | 4.90 | 6.40 | 2.10 | 10.20 | 15.00 | 8.90 | 0.70 |

另据试验报道，参根周皮、韧皮部重量占参根总重量的30%以上，其皂苷含量却占参根皂苷总含量的90%左右，参根木质部重量占参根总重量的63%左右，其皂苷含量却很少（不足10%），所以今后选育皂苷含量高的品种，应当选择韧皮部、周皮，特别是韧皮部厚的而木质部比例稍小的参根为宜。

还有报道指出，不同年生的参根皂苷含量也不一样，就皂苷积累而言，年生越高皂苷总量越多。但就皂苷增长率而言，八年生以内皂苷含量增长率较高，其中一至三年生增长率最高，九年生以后增长率显著下降，所以我国传统人参栽培6～8年采收加工，基本上是科学的。

#### 2. 成分积累动态

参根皂苷积累是随年生的增长而增加，据测算，一年生参根皂苷含量6.9μg

左右,二年生为一年生的11～13倍,三年生为二年生的3～4倍(264～333μg),四年生为三年生的2.4～3.8倍;五年生总积累量为2010～2300μg,是四年生的2～3倍,六年生总积累量为3040～3140μg,是五年生的1.3～1.5倍。每年内生育期间参根皂苷变化趋势是:8～9月含量高,其他时间均不及8～9月。

人们栽培管理人参时,各项技术措施也影响其药效成分的含量,例如摘蕾管理,摘蕾的人参根不仅产量高,其皂苷含量也比未摘蕾的参根高。又如参棚透光度,据报道,林下栽培的人参与棚下栽培的人参相比,不仅叶面积小、发育慢、参根产量低,而且皂苷含量比棚下低36%。林下栽培时,林下透光以25%～40%为最好,低于或高于这个透光度,人参生长发育不良,参根皂苷含量也略低。再如采收期,以8月下旬到9月中旬较为适宜,产量高,淀粉、皂苷含量也较高,加工干品时,折干率也高。

**3. 生长发育与环境条件的关系**

(1)温度 据报道,地温稳定在4～5℃时,人参开始萌动,地温10℃左右开始出苗。展叶期气温变化多在15～20℃。开花结果期气温变化多在16～25℃。果实红熟前后气温为20～28℃。气温低于8～10℃人参便停止生长。全生育期>10℃的积温:抚松东岗为2163～2223℃,集安为2949～3468℃。

人参出苗、展叶期间,气温15℃左右为宜,低于此温度人参出苗展叶缓慢,低于8℃便停止生长,遇到-2～-4℃低温,虽不能被冻死,但会出现茎弯叶卷的现象,参苗出现缩卷成球状,如果温度降到-4℃则会发生冻害。人参生育期间最适温度20～25℃,气温高于25℃光合速度下降,超过30℃生长会受影响,超过34℃光合速度下降很快,参叶还易被晒焦。参根在化冻和结冻前后,最怕一冻一化。一旦出现一冻一化,参根易发生缓阳冻。参根冬眠后,较为耐低温,产区气温降至-40℃,也未出现冻害。

人参种子形态后熟最适温度前期(裂口前)18～20℃,后期(裂口后)15～18℃,高于25℃烂种子数量增多,低于15℃则延长后熟期。种子生理后熟温度为0～5℃,越冬芽生理后熟温度也是0～5℃。在温度0～5℃条件下,后熟

期60天左右。

（2）光照　人参是阴性植物，怕强光直接照射，但也不是越阴越好，也就是说人参有一定的喜光特性。年生不同，需光的强度也不同。一年生人参喜弱光，一般给予自然全光照的5%左右（5000～8000lx）为宜；二年生人参能在50%的全光照条件下正常生长。在弱光下（1100～3200lx）人参光合作用强度小，即便是二氧化碳（$CO_2$）浓度很高，光合作用强度仍保持在每小时$4.8mgCO_2/m^2$，在3200～220000lx的光照条件下，人参的光合作用强度显著提高，由每小时$4.8mgCO_2/m^2$提高到每小时$14mgCO_2/m^2$。据报道，在吉林人参产区条件下，人参光合作用补偿点为250～450lx，光合作用饱和点为15000～35000lx，低温条件下光饱和点高，高温条件下光饱和点低，平均为25000lx。依据人参产区生育期间的温度变化和生育期变化规律，可以推定，人参生育期间的需光趋势是：出苗展叶期光照可适当强些，或者说是一年之内需光强度最大的时期，随着自然温度升高，人参所需光照强度要降低些，到7月上旬至8月中旬光照强度最低；8月中旬后随着气温降低，人参所需光照强度可逐步提高，直到近于枯萎时，光照强度又可升到出苗至展叶期的光照强度。在一天之内，早晚温度低，中午温度高，所以中午光照强度以接近光饱和点的光强为宜，早晚应适当提高光照强度为好。吉林省长白县从生产实践中总结出，每年7～8月，一年生人参控制光照强度为10000lx、二年生为15000lx、三年生和四年生为20000lx、五年生和六年生为20000～25000lx为好。海拔高度每降低100m，温度升高1.5℃，光照强度应适当降低。

近年栽培人参的参棚多使用透光调光技术，棚上有透光膜，各地经验认为浅黄膜、浅蓝膜、浅绿膜好于其他色膜。

（3）水　水是植物生命活动的必需物质，水分代谢涉及植物生理活动的各个方面，满足人参生长发育中水分代谢的要求，是获得人参优质高产的先决条件。

人参在透光不透雨的单透棚内，土壤相对含水量为60%，透光为50%的条件下，蒸腾强度为每小时6.25g/m²，蒸腾系数为167.95，蒸腾效率为6（叶片每蒸腾1kg水就能积累6g干物质）。全生育期需水量为135kg/m²。出苗初期12天（5月9日至5月20日）需水量占2.8%，出苗盛期10天（5月20日至5月30）需水量占17.2%，开花期5天（5月31日至6月4日）需水量占10.7%，结果期（6月5日至8月12日）需水量占41%，果后营养生长期（8月13日至9月14日）需水量占28.3%。人参在开花期日水分蒸腾量最大。

人参生育期间，土壤相对含水量以80%为适宜，土壤相对含水量在60%时，人参生长不良，出现烧须或浆气不足。土壤相对含水量近于100%时，人参易感病死亡。森林腐殖土栽参，出苗期土壤含水量在40%左右，展叶期为35%～40%，开花结果期45%～50%，果后营养生长期为40%～50%为适宜。土壤含水量高于60%或低于30%则易烂根或出现干旱，严重影响人参的生育和产量。

（4）肥　人参体内氮、磷、钾的吸收、积累与分配量因参龄不同而有规律的变化。一至二年生人参吸收积累氮、磷、钾的量较少，占1～6年总吸收积累的3.5%；三至四年生吸收积累量有所增加，占1～6年总吸收积累量的37%；五至六年生吸收积累量较大，占1～6年总吸收积累量的60%。各年生人参吸收积累氮、磷、钾的趋势相近，以钾为最多，其次是氮、磷的吸收积累量较少（表2-2）。每年内以开花期、果实成熟期吸收氮、磷、钾的量最多。

表2-2　一至六年生人参所需氮、磷、钾（毫克/株）

| 年生 | 氮 | 磷 | 钾 |
|---|---|---|---|
| 1 | 8.4 | 2.9 | 11.6 |
| 2 | 27.3 | 5.5 | 34.4 |
| 3 | 91.1 | 16.7 | 126.3 |
| 4 | 285.7 | 74.2 | 444.6 |
| 5 | 302.2 | 68.8 | 579.7 |
| 6 | 359.1 | 75.6 | 854.9 |

人参吸收氮肥总量的60%用于根的生长和干物质积累，40%用于茎叶生长。一般7月中旬前，即茎叶、花果生长期需氮较多；7月以后，根中含氮量增加。硝态氮对人参生长有促进作用，铵态氮不利于人参生长。氮肥过多，人参抗病能力降低，出苗缓慢（铵态氮过多影响出苗更明显）。氮肥不足，人参生长不佳，茎矮小而细，叶片也很小。应用$^{15}$N测定表明，氮素分布于人参的叶和根中的量最多，茎的含量较少。人参中氮素营养来自土壤的占90%左右，而来自肥料的约占10%。

人参吸收磷的数量比氮、钾都少，约为氮的1/4，钾的1/6。在展叶期、开花期、结果期需磷较多，在开花至绿果期吸收磷的速度较快，24小时能把吸收的磷分布到各个器官中，开花至绿果期叶面喷磷，种子产量增加10%。磷能增强人参的抗旱、抗病能力，促进种子发育。缺少磷时，生长受抑制，根系发育不良，叶片卷缩，边缘出现紫红斑块，种子数量少且不饱满。磷肥过多，易引起烂根，影响保苗。

人参需钾量较多，钾除了促进人参根、茎叶的生长和抗病、抗倒伏外，还能促进人参中淀粉和糖的积累。

钙、镁、铁、硼、锰、锌、铜等都是人参生长发育中的必需营养元素，它们对人参的生长、代谢都有促进作用。据报道，1～5年各年生人参每株需钙量分别为0.15、0.64、2.9、8.2、14.5mg；每株需镁数量分别为0.15、1.5、5.1、10.3、20.1mg；每株需铁数量分别为0.01、0.09、0.18、0.27、0.27mg。人参吸收硼的数量较多，据测定，每克新林土中含硼0.17～0.67μg，人参生长3年后，土壤中硼的含量只是原有含量的3.8%；每克新林土中含锌量为2.4～8.6μg、含锰量为78.5～440μg、含铜量为2.6～3.8μg，栽参3年后，锌的含量减少69%，锰的含量减少66.6%，铜的含量减少25%。人参各器官中，含硼量最多的是花，缺硼时，花粉发育不良，花药花丝萎缩，花期喷施0.05%的硼酸，可提高人参小花的受精率近10%，种子千粒重3.5g。所以，多数地区都有根外追施微肥增产的经验。

### 三、地理分布

#### 1. 人参栽培分布

人参（*Panax ginseng* C. A. Mey.）产区主要分布在东北亚地区。北纬30°～48°，东经110°～130°，主要包括中国东北的小兴安岭、长白山、张广才岭等地，朝鲜北部，韩国中部，日本中部和北部及俄罗斯远东地区南部与中国相邻的山区地带。

中国园参的主要产区在东北东部和南部的广大山林地带，南起辽宁省宽甸，北至黑龙江省伊春市的山区、半山区。吉林省是园参的主要产区，多集中在东部长白山区的各市县，其中，长白朝鲜自治县、抚松县、集安市、靖宇县栽培面积最大，其次，通化县、敦化市、白山市、桦甸市、舒兰县、安图县、汪清县、珲春市、蛟河县、延吉市等地区。黑龙江省主要栽培地区是东宁、海林、伊春、宝清、五常、方正、依兰、桦川、延寿、鸡西、北安、通河、虎林、佳木斯、穆棱、勃利等市县。辽宁省主要栽培地区是宽甸、桓仁、新宾、绥中、清原、本溪、丹东、庄河、辽阳等市县。

国外栽培人参的国家主要有韩国、朝鲜、日本及俄罗斯。韩国、朝鲜栽培人参的主要产区分布在北纬33°～42°，主要产地有京畿、忠南、忠北、江华、龙仁、锦山、丰基和开城等地。日本栽培人参的主要产区分布在北纬35°～44°的长野、岛根、北海道和福岛等地。俄罗斯栽培人参的主要分布在远东地区、高加索和乌克兰山区。

#### 2. 林下山参的分布

林下山参是人为将人参种子撒播到山林中，任其自然生长，若干年后具有野山参特征的人参，它有别于林下做床栽培的人参。林下山参对生长条件要求比较高，长白山区在海拔400～1000m的针阔混交林处，土壤立体结构好、空气湿润凉爽、遮阴透光适中，适宜人参生长。

世界上的野生山参资源主要分布在中国、俄罗斯、朝鲜的长白山区域，鸭绿江以南狼林山脉也有少量分布。苏联在20世纪50年代通过飞机撒播了大量的人参种子，故其50年左右的林下山参存量较多，主要分布在其远东地区、高加索和乌克兰山区。

我国林下山参主要分布在东北的吉林长白山地区和辽宁东部山区，黑龙江省分布较少。吉林省的林下山参多集中在东部长白山区各市县，其中以白山、通化地区抚育面积较大，其次延边、吉林地区也有部分分布；辽宁省林下山参产地主要集中在宽甸、恒仁、新宾、清原等县区；黑龙江省主要分布在海林、伊春等地。

## 四、生态适宜分布区域与适宜种植区域

人参是第三纪北半球温带大陆孑遗植物。由于长期生长在潮湿、冷凉的阔叶林下，在其自身系统发育过程中形成对遮阴、冷凉、湿润气候的适应性。

### （一）人参产区的生态环境

#### 1. 中国人参产区

中国人参主产区分布在东北东部长白山区，南起辽宁宽甸，北至黑龙江伊春，其中心产区为长白山的抚松、靖宇、长白、集安一带。主产区境内有长白山地，包括张广才岭、老爷岭、木棱窝集岭、完达山，海拔500～1000m，最高点长白山2744m。全区地处中纬度季风带，属大陆季风湿润气候。区域内的气温和降水从西北向东南递增；≥10℃积温为2500℃，1月平均气温为-28～-24℃，7月气温为20～24℃，无霜期130天左右；降水量700～1000mm，年平均湿度为70%，8月达80%以上；植被为针叶阔叶混交林，土壤类型为暗棕壤，pH值为5.5左右。由于境内山岭纵横，垂直高度变化大，因此各产区的气候状况有一定的差异，而表现出各产区人参产量和质量不同，说明各产区人参生态气候适宜程度不同。

## 2. 日本人参产区

日本是位于亚洲东部太平洋上的一个岛国，地形多山。日本大部分地区属温带海洋性气候，比大陆同纬度地区暖和，降水丰富。日本植被主要是针阔叶混交林，森林覆盖率较高，约占68%。日本人参产区多集中在本州和北海道，各产区的生态环境见表2-3。

## 3. 韩国、朝鲜栽培人参的产区

韩国、朝鲜栽培人参的产区南起北纬35°全罗南道，北至北纬42°的两江道之间，主要分布在朝鲜半岛西南到西北沿黄海岸一带。主产区为京畿、开城。半岛北部和东部为山地，西部及南部为丘陵平原。南部为海洋性季风气候，北部为由海洋性气候向大陆性过度气候。韩国和各代表产区的生态环境见表2-3。

表2-3　日本、韩国、朝鲜人参主产区生态环境

| 产地 | 海拔（m） | 年平均气温（℃） | 最高气温（8月平均）（℃） | 最低（1月平均）（℃） | 降温量（mm） | 蒸发量（mm） | 生育期（5～8月） | | | 植被 | 土壤 |
| --- | --- | --- | --- | --- | --- | --- | --- | --- | --- | --- | --- |
| | | | | | | | 气温（℃） | 降水（mm） | 蒸发量（mm） | | |
| 日本长野 | 450～800 | 10.9 | 30.9 | -6.0 | 998 | 1167 | 21.5 | 422 | 623 | | 强黏土 |
| 日本岛根 | 20～30 | 13.9 | 31.5 | 0.80 | 2033 | 1160 | 22.3 | 652 | 587 | | 腐殖质土壤 |
| 日本福岛 | 200～500 | 12.6 | 31.1 | -5.4 | 1200 | 1031 | 22.5 | 449 | 417 | 针阔叶混交林 | 黑土 |
| 北海道 | - | 7.3 | 27.4 | -16.7 | 1084 | 803 | 18.9 | 449 | 461 | | 灰壤 |
| 朝鲜开城 | 20～50 | 10.8 | 29.5 | -11.4 | 1289 | 1104 | 21.4 | 906 | 570 | | 砂壤、黄壤 |
| 韩国锦山 | - | 11.9 | 30.5 | -8.8 | 1205 | - | 22.6 | 759 | | | 砂壤 |

#### 4. 俄罗斯人参产区

俄罗斯人参主产区分布在北纬43°～48°的广阔山林地带，主要包括沿海边区，苏普金自然保护区、"雪松谷"、锡霍特–阿林自然保护区。参区植被为针阔叶混交林，土壤为棕色森林土。气候为温带季风气候。冬季由于大气的季风环流，从大陆吹来西风，因此冬季寒冷、少雪，相对湿度不大。夏季从太平洋吹来东南风，所以夏季温暖、降水充沛、空气相对湿度很高，4～11月降水量占全年总量的85%～95%。

### （二）适宜种植区域

中国人参主产区而言，人参生态气候环境条件最适宜地区为抚松、靖宇、长白、敦化等地；人参生态气候环境适宜区为临江、集安、通化、柳河、辉南、桦甸、蛟河等地；人参生态气候环境较适宜区为吉林地区、延边地区和集安的岭南。

从人参生态气候条件来看，中国主产区的抚松、靖宇为高寒地带，温度和水分条件适宜人参的生长。因此，中国的长白山地带及三江（松花江、图们江和鸭绿江）—河（新开河）流域是世界盛产优质人参的最佳产区，所产人参及其制品载誉中外。

人参对气候条件要求较严格，世界只有少部分地区适合种植人参。主要进行人参种植的国家有中国、韩国、朝鲜、日本和俄罗斯。中国人参产量居世界首位，占世界产量的80%以上。我国人参主要分布在吉林省、黑龙江省、辽宁省，产量占全国的90%以上，是东北的道地药材。其中吉林省栽培面积最多，占全国的85%左右。吉林人参主要产自长白山区。

# 第3章

## 人参栽培技术

## 一、种子种苗繁育

### （一）人参品种现状分析

#### 1. 人参分布区域

世界上人参主要有4个栽培带，中国、朝鲜半岛、日本和俄罗斯。人参主要产区分布在亚洲大陆东部中高纬度的地带，北纬35°（日本岛根）至北纬42°（我国吉林省抚松县）。但人参也有广阔的分布区域性，南至北纬25°的中国云南省，北到北纬48°的俄罗斯哈巴罗夫斯克，均可种植。

在中国人参主要产区在东北地区的东南部至东北部山区和半山区，南起辽宁省宽甸县，北至黑龙江勃利县一带，中心主产区为吉林省抚松县、长白县，被誉为"中国人参之乡"。我国种植人参地区的纬度范围在北纬40°～46°，土壤为针阔叶混交林下的棕色森林土，年降水量为600～1000mm。

#### 2. 我国栽培人参农家类型

（1）以人参主产区栽培特点生态条件和商品价值相结合分类。

①普通参：主产于吉林省抚松、靖宇、长白朝鲜族自治县。特点：根茎短，主根体短粗，支根短、须根多。商品价值较低。

②边条参：主产于吉林省集安参区。特点：根茎长，主根体长，支根长，须根少。商品价值高，是普通参的2倍左右。

③石柱参：主产于辽宁省宽甸县下露河乡石柱村。特点：芦长、根短、体灵、皮老、纹深、须根少，须上珍珠疙瘩较明显，体形美观，形似山参，其商品价值极高，是普通参的2～4倍。

（2）依据栽培人参的根及根茎（芦头）形态分类。

①大马牙类型：特点：越冬芽（芽苞）大，芦碗（茎痕）大。根茎粗，主根短且粗，须根多，支根少；根皮黄白色，纹浅；参根产量高。

②二马牙类型：特点：越冬芽比大马牙稍小，根茎较大马牙长，且稍细。主根长度大于大马牙类型；支根明显，须根少，参根产量略低于大马牙；根皮

黄白色，纹浅；产量略低于大马牙，商品价值高于大马牙。

③圆膀圆芦类型：特点：与二马牙类型相比，根茎稍长，茎痕较明显，肩头圆形，近肩处呈圆柱形，主根体长，丰满，根形美观，根皮黄白色，纹较深；产量较低，但商品价值较高。

④长脖类型：特点：与大马牙、二马牙、圆膀圆芦三者相比，根茎更细长，茎痕清楚；主根长，有支根，须根长，体形优美，生长缓慢，根皮黄白或褐色，纹深；根形优美，根部产量偏低，商品价值高。

（3）我国人参品种选育的品种 人参的种质资源和品种是人参生产的源头，种质的优劣对产量和质量有决定性的作用。我国是人参的发源地，人参自然分布和栽培地域广泛，人参种植面积和产量均居世界首位，很早前就已对其生物学特性和栽培技术等开展了大量研究。虽然人参育种工作难度大、周期长、见效慢，但我国人参科技工作者经过多年的努力，利用全国范围的人参种质资源圃成功培育出了多个人参新品种（表3-1）。

表3-1 目前已通过审定的人参品种
（吉林省农作物品种审定委员会– 中药材与食用菌专委会）

| 序号 | 人参品种名称 | 选育单位 |
| --- | --- | --- |
| 1 | 吉参1号（1998） | 中国农业科学院特产研究所 |
| 2 | 吉林黄果人参（1996） | 中国农业科学院特产研究所 |
| 3 | 福星1号（2009） | 中国农业科学院特产研究所、抚松县人参产业发展办公室、抚松县参王植保有限责任公司 |
| 4 | 宝泉山人参（2002） | 吉林农业大学中药材学院、吉林大学生物与农业工程学院、吉林长白参隆集团 |
| 5 | 集美人参（2009） | 吉林农业大学、集安市人参特产业办公室、吉林中森药业有限公司、中国农业科学院特产研究所 |
| 6 | 康美1号（2012） | 集安大地参业有限公司、集安人参研究所、吉林农业大学、中国农业科学院特产研究所 |

续表

| 序号 | 人参品种名称 | 选育单位 |
|---|---|---|
| 7 | 益盛汉参1号（2013） | 吉林省集安益盛药业股份有限公司、吉林农业大学 |
| 8 | 新开河1号（2013） | 中国医学科学院药用植物研究所、集安人参研究所、康美新开河（吉林）药业有限公司 |
| 9 | 福星2号（2014） | 抚松县参王植保有限责任公司、中国农业科学院特产研究所、抚松县人参研究所 |
| 10 | 百泉人参1号（2014） | 通化百泉参业集团股份有限公司、吉林农业大学 |
| 11 | 中大林下参（2016） | 中国农业科学院特产研究所、延边大太阳参业有限公司 |
| 12 | 新开河2号（2016） | 康美新开河（吉林）药业有限公司、中国农业科学院特产研究所、集安人参研究所 |

### （二）人参良种繁育

#### 1. 种栽和地块要求

①在三年生人参一等苗内选取纯正农家品种的大马牙或二马牙。②选取根长25cm以上，根重32g以上，无病疤、损伤，芦头完整，浆气足的参苗。③选择地势平坦，土壤理化性状较好的地块进行移栽，施足腐熟的有机肥。

#### 2. 植株要求

①确定选育区人参的年生为五年生人参。②选择地上植株生长健壮、无病虫害的人参植株。③良种繁育区四周设隔离带。

#### 3. 疏花疏果

①疏花：将人参花序中间的小花序摘除，主花序旁边的小花序亦摘除。②疏果：在青果期将内侧的弱果摘除。③追施叶面肥：在展叶期喷施磷酸二氢钾、微肥等叶面肥。

### （三）人参种子的采收

#### 1. 采收时期

人参种子一般8月1日至8月10日，当果实由绿全部变成鲜红色时，即为采收时期。

### 2. 采收方法

当花序上的果实充分红熟时，用手将果实一次撸下来或从花梗1/3处剪断，剪断花梗的人参果实应随时脱粒。花序上的果实未完全红熟的参籽，暂时不采，待二次采摘。在采摘过程中的落地果，应随时拣起。采种时应将好果、病果及干籽分开采收，病果、吊干果要单独存放，远离生产田并销毁。

### 3. 运输

将干净的人参果粒，装入包装，运回种子处理厂，进行搓籽。

### 4. 搓籽

搓籽前进行清场，清场内容包括搓籽使用的工具、搓籽机、场地卫生等。搓籽过程如下：①将挑选好的人参果放入水池中，用清水漂洗3次，去净泥土，漂洗过程中浮于水面上果实捞出，单独处理。②清洗后的人参果装入容器运至搓籽机区。③搓籽机分离出来的人参种子用清水漂洗，将不成熟的人参种子漂洗出去，将混杂在人参种子中的果皮等漂除干净。④清洗干净的种子运至晾晒区，将种子摊开，阴干或弱光下晒干，严防伤热及阳光曝晒。⑤人参果汁用75%的食用酒精按照1∶5的比例稀释，冷藏保存或直接销售。⑥搓籽工作完成后，对搓籽区内的工具、器具、机械进行全面清洗、消毒、晾晒、入库保存。

## （四）人参种子储藏

### 1. 人参种子干储

人参种子分等，分别装入透气的编织袋中储藏。入库，按等级分别贮放，可吊袋或用木板格存放。贮存库内温度一般无特别要求，随季节变化，最好控制在5～15℃，相对湿度应控制在12%～15%。贮存库要求通气良好。定期进行灭虫杀菌。

### 2. 人参种子沙贮

按种子贮存量，将人参种子1份掺3份沙子，装入编织袋中，埋在背风、不

积水的地块，翌年4月末至5月初起出。

**3. 人参种子出库**

人参种子出库前，应进行生活力测定，挑出坏的种子，贮存时间不准超过一年。

### （五）种子处理

**1. 选种**

（1）选种的必要性　人参是种子繁殖植物，人参种子质量对后代生长影响很大。参苗的产量及利用率均随种子千粒重的增加而明显提高。种子大小对参苗单株重影响也很大。由于人参小花开花顺序是由外缘向内缘开，内外相差7～15天，且外缘小花大，内缘小花小，先天营养差异较大。因此，一次性采收的种子成熟度不一，大小混杂。这样的种子催芽后的裂口率为80%～90%，播种后出苗率仅为70%～80%，且出苗不齐，强弱差异较大，3年后平均保苗率仅为30%～40%。故依据人参种子标准进行选种，是提高人参出苗率、增加产量与可利用率的重要措施。

（2）人参种子标准　影响种子质量的因素很多，主要有千粒重、饱满度、净度、生活力、含水量等。以上述指标为依据，对人参种子进行分等。每个等级内的种子，必须具有正常种子的色泽、气味，并无病粒。具体标准见表3-2。

表3-2　人参种子分等标准

| 标准等级 | 一等种子 | 二等种子 | 三等种子 | 等外 | 备注 |
|---|---|---|---|---|---|
| 千粒重（g） | >31 | >26 | >23 | <23 | 符合一等种子标准，但千粒重36g以上者为特等。生活力不符合标准相应降等 |
| 饱满度（%） | >95 | >95 | >90 | <90 | |
| 生活力（%） | >98 | >95 | >90 | <90 | |
| 净度（%） | >98 | >96 | >95 | <95 | |
| 含水量（%） | <14 | <14 | <14 | >14 | |

（3）选种方法　生产上常用的选种方法有筛选、风选和水选。①筛选：对于一次性采收的种子，利用不同孔径的筛子进行筛选，可把小粒种子剔除，明显提高千粒重。②风选：对于一次性采收的种子，经过风选，可淘汰部分瘪粒，千粒重有所提高。③水选：对于一次性采收的种子，经水选后可淘汰瘪粒。用于浸泡一昼夜，饱满种子吸水后下沉水中，瘪粒浮于水上，将其漂除，种子质量也有明显提高。

**2. 人参种子生活力速测**

人参种子在贮藏过程中，由于方法不当或贮藏时间过长，会使种子生活力降低甚至完全丧失。王荣生研究表明，人参干种子在室内贮藏1年，沙培催芽后腐烂率为5.7%；贮藏2年的，腐烂率为90%；贮藏3年的，生活力完全丧失。因此，催芽前对贮藏种子进行生活力检测非常必要。由于人参种子具有休眠特性，在催芽前难以进行发芽试验，所以需要选用其他测定方法进行种子生活力检测。下面介绍两种速测方法。

（1）染色法　有生命力的种子细胞原生质膜具有半透性，能够选择吸收外界物质，一般染料分子难以进入细胞内，故胚部不染色。而丧失生活力的种子，其细胞原生质膜丧失了选择吸收能力，染色剂可进入胚细胞内而使之染色。所以根据种子胚部是否被染色剂染色，可判断种子是否具有生命力。

应用靛蓝洋红（Indigo carmine）法和酸性品红（Acid fuchsine）法测定人参种子生活力，平均误差不超过5%。染色方法：取50～100粒种子，放入40～50℃恒温水中，浸20～30小时。取出，用小刀将种子沿内果皮结合痕处均匀剖成二瓣，取其一瓣置于培养皿或小烧杯内，再用清水冲洗1次，用滤纸小心吸干表面水分，进行染色。在常温下（15～25℃）将待染色的种子用0.1%靛蓝洋红染色。10～20分钟，或用0.2%酸性品红染色10～15分钟。将染色液倒掉，再用清水冲洗一下染过色的种子。凡种胚及胚乳不着色者为有生活力的种子，着色者为无生活力的种子。

在实际操作中，每粒种子都可将一瓣染色，另一瓣用开水煮沸30分钟，杀

死后再染色，作为判断死亡种子染色程度的标准。

染色法的优点是速度快、简便、所需时间短。但应用该法时需要注意：掌握好染色时间，不能过长，否则不易区分染色与否。

（2）四唑（TTC）法　TTC（2，3，5-三苯基四唑氯化物）的氧化态是无色的，被氢还原后生成红色的三苯基甲䐶。具有生活力的种子，由于呼吸作用产生的氢，能使TTC还原成三苯基甲䐶，被染成红色；而无生命力的种子，没有呼吸代谢活动，TTC不能被还原，因而不着色。因此，根据种子胚和胚乳是否被染色，可以判断种子有无生命力。王荣生等研究表明，TTC染色法和人工催芽法所得结果基本一致，完全可用于评估种子的生活力。

染色方法：先称取0.1g TTC，加少量酒精使其溶解，再加水至100ml（TTC浓度为0.1%）。然后取50～100粒种子，用水浸泡一昼夜，取出用滤纸吸去种子表面水分，用刀片沿内果皮结合痕均匀剖成二瓣，取其一瓣置于0.1%TTC溶液中，于恒温箱25～35℃避光染色12～24小时。染色结束后，立即观察染色情况，凡种胚和胚乳被染成红色者为有生活力种子，染色程度越深生活力越旺盛，而不染色或染色程度甚微者，为无生活力种子。

该方法的优点是，测定速度比较快，但试验条件比染料法要求严格，所用时间较长。

由于TTC法染色程度的深浅与种子的呼吸强度有关，种子生命活动能力越强，染色程度越深。因此，应用TTC法可对种子生活力进行定量分析。方法是，将被TTC染色的种子用水洗一遍，用滤纸拭去水分后，置于烧杯中，加95%乙醇或丙酮，研磨，加热脱色，离心，收集上清液（酒精或丙酮），再加入酒精或丙酮加热脱色，如此反复至种子无色或颜色很浅，不再脱色为止。待脱色酒精或丙酮蒸干后，准确加入95%乙醇5ml或丙酮，在相应波长下测量光密度。光密度值越大，表明种子生命力越强，据此可做出生命力强度曲线。

应用TTC法测种子生活力时，TTC溶液最好现配现用，若要贮藏需放在棕色瓶中，并置于阴凉黑暗处。

### （六）人参种子催芽技术

人参种子具有休眠特性，需经形态后熟和生理后熟方能出苗。在东北人参主产区，特别是无霜期较短的参区，这两个后熟过程在自然条件下，需经21个月左右才能完成。若将采收的种子及时进行人工催芽，3～4个月即可完成胚的分化，后熟期缩短1年以上。

#### 1. 种胚的形态变化

在人参种子成熟过程中，种胚与周围组织发育速度不一致。当种子红熟并采收后，其他各部分组织都已经或基本达到成熟阶段，而种胚还没有完全发育，仅由少数胚原细胞组成。新采收的种子和未催芽的干籽，其胚的长度0.32～0.43mm。种胚上1/4部分，分化出两枚子叶原基雏形，种胚下部分为根原基雏形。因此，新采收的种胚尚须经过一段较长时间的发育，才能完成形态后熟。人参形态后熟阶段划分为4个时期。

（1）子叶、胚根原基分化与形成期　人参干种子在播种后或催芽过程中，由于环境条件适宜，胚原基开始缓慢分化，子叶原基增高变宽，速度大于胚根原基部分，胚原基体积逐渐膨大，上半部分形成两枚明显的子叶原基，下半部分为胚根原基。种胚长0.8～1.0mm，该期需60～70天。

（2）胚芽原基的分化与形成期　随着种胚的发育，于子叶原基腋芽间分化出半椭圆形的胚芽雏形。此时种胚长1.27mm ± 0.38mm。由于胚已有相当大的体积，种子靠胚的膨胀力，使内果皮沿着结合痕，从发芽孔处裂开，俗称"裂口"。此后，人参种胚的发育由缓慢发育过渡到迅速发育时期。中小叶原基快速增高，上半部倾斜，内侧逐渐形成凹槽，随后在内侧基部，分化出两枚侧小叶原基雏形。胚芽原基迅速增高，当侧小叶原基伸展到中小叶原基一半高度时，胚芽原基形成，种胚长1.60～2.30mm，该期需20～30天。

（3）三出复叶、上胚轴分化期　胚芽原基形成后，胚的发育更加迅速。由于胚芽原基向高度分化，于胚芽基部至胚根间，形成一段圆柱状的上胚轴原基并迅速增高，在上胚轴原基部内侧，出现1枚凸起，即为更新芽原基雏形。这时三出复叶内侧凹槽边缘呈膜质状，向内折叠，中叶边缘梢呈波浪状，整个胚呈匙状。种胚长2.0～3.1mm。该期需15～20天。

（4）种胚发育完全期　上胚轴继续迅速伸展，在三出复叶向内折叠的边缘，逐渐形成明显的锯齿状。这时叶早已分化出明显的主脉，随后又分化出侧脉伸向叶缘。中小叶比侧小叶大1倍，叶尖伸向子叶顶端，到后期往往从子叶顶端露出。这时形成了完整的三出复叶、上胚轴，种胚长3.86～5.60mm，胚呈现匙形。该期需20～150天。由胚原基开始分化，到形成完整的胚，需115～270天。

**2. 人参种子催芽的适宜条件**

人参种子在后熟过程中，不仅要经过一系列的形态变化，而且发生许多生理生化变化，如呼吸跃升、酶活性和激素水平改变，核酸与蛋白质的合成与分解等。这些生理生化变化均与环境条件密切相关。在自然条件下，人参种子从成熟到萌发一般至少需要2年。时间如此长的一个原因，就是环境条件不适合于人参种子的后熟，使许多生理生化过程不能顺利完成，导致形态后熟和生理后熟迟缓。因此，探讨人参种子后熟过程中的适宜环境条件并人为予以创造，对缩短人参种子的后熟期非常重要。

（1）温度　是人参种胚发育的必要条件，对种胚的形态后熟和生理后熟均有重要影响。许多学者对人参种胚形态后熟阶段所需的最适温度进行了探讨。研究表明，人参种胚完成形态后熟阶段的最适温度为18～20℃，所需时间为3～4个月。人参种胚通过形态后熟的最适温度为15℃恒温，持续时间为3～4个月。人参种胚在形态后熟期的适宜温度为18～20℃，超过25℃易引起烂种。高温有抑制种胚发育的作用。据报道，处理温度影响种子裂口率，其中以20℃以下为好。在形态发育早期（历时30～45天），种胚发育缓慢，在15～25℃下无显著差别。在形态发育后期，胚生长迅速，种子裂口，这一阶段要求10～15℃的中温条件。如仍保持较高的20℃或过早降至5℃，胚形态发育明显受阻抑，裂口率很低。在胚形态发育期，季节变温和昼夜变温有利于种胚的发育。

人参种胚完成形态后熟后，即使给予良好的发芽条件也不能出苗。还必须在低温下进行生理后熟。将已完成形态后熟的人参种子，一部分置于2～4℃下，一部分置于20℃下，各沙藏4个月后，播于适宜条件下进行试验。结果表明，前者种子全部发芽，后者绝大部分种子均未发芽。由此可见，低温在种子生理后熟过程中起着重要作用。许多学者研究表明，人参种胚完成生理后熟阶段的最适宜温度为2～4℃。试验结果表明，人参种胚的生理后熟以5℃左右为宜，其次为0℃左右。上述种胚通过生理后熟所需低温持续时间的差异，可能与研究者所采用的种子产地不同有关。

（2）湿度和空气　在种胚生长发育过程中，水分和空气是必不可少的。因此，在催芽时应注意掌握催芽的湿度和通气条件。

人参种子催芽的适宜湿度，因所用催芽基质的不同而有明显差异。适合人参种胚发育的沙子含水量为6%～9%，土壤含水量为15%～20%。在种胚形态后熟期，沙：土比例为1：2，含水量以15%为好；在生理后熟期，则应保持在10%左右较为适宜。催芽过程中沙子湿度适宜范围较广，幅度在10%～24%。他们的解释是种子催芽不仅仅受水分控制，还与温度、沙粒大小及通气性有关。再者，虽然沙子含水量的多少直接影响种子的含水量，但因果皮有保水作用，其含水量受环境水分多少和胚乳需水量制约，而胚乳不直接受环境水分影响。在胚生长过程中，胚乳根据需要主要靠内果皮吸水。因此，沙子水分偏低或偏高都不会直接影响胚和胚乳所需的正常水分，因而种子催芽过程中表现出对环境水分大幅度的适应性。但应看到，人参种子在后熟过程中，胚和胚乳均发生一系列的生理生化变化，进行着物质的新陈代谢。尤其在种胚生理后熟末期，呼吸强度明显增强。如果环境中水分过多，难免造成通气不良，使人参种子在厌氧条件下进行呼吸作用，若持续时间较长，不但会影响种胚的正常生长发育和种胚后熟，而且会产生有害物质，使种胚中毒死亡。在生产中因水分过多而导致种子腐烂的现象时有发生，种子裂口率也受到明显的影响。因此，种子处理过程中，水分不宜偏高。在裂口后，更应注意水分管理。

### 3. 人参种子催芽技术

所谓人参种子催芽技术，就是根据人参种子后熟期间种胚的形态与生理生化变化及其对环境条件的要求，人为创造适宜种子后熟的条件，促进种胚发育，以缩短人参种子休眠期，使种子提前出苗并且苗齐、苗壮。

由于人参种胚发育缓慢，且对环境条件要求比较严格，因此一般人参种子催芽均采用沙子或腐殖土做基质的层积方法进行。

（1）人参种子消毒　人参种子表面常常带有各种病原真菌，致使人参种子催芽中和播种后，引起烂种或幼苗病害，因此有必要对人参种子进行消毒处理。一般有1%的福尔马林溶液浸种15分钟，也可用扑海因400～1000倍液或代森锰锌1000倍液浸种2小时，防病效果很好。

（2）催芽时期　根据人参种子催芽的开始时间和用于播种的时间，将催芽分为夏催秋播和冬催春播两个时期。

①夏催秋播：上年的干籽，于6月底前进行催芽，多在室外进行，8月下旬种子裂口，9月末种胚完成了形态发育，即可进行播种。这种方法的优点是：使用隔年种子催芽，种胚发育的好，出现问题容易解决。催芽环节少，自然温度容易控制，可靠程度大。种胚能充分完成形态后熟和生理后熟，翌年出苗率高，长势旺。此方法的缺点是：种子延期1年播种出苗。

夏催秋播方法优点多、缺点少、技术简单，目前已广泛采用。

②冬催春播：用当年采收的种子，于采后至10月上旬进行催芽，前期在室外，后期在室内进行。移入室内后，要及时调节温湿度，防止室温过高或过低。当种子已有80%裂口，胚率达80%时，要及时进行冬贮，使其完成生理后熟。此方法的优点是：能解决翌春生产中急需催芽种子的问题，可缩短人参育种周期。缺点是：技术性强，催芽环节多，要求条件高，需经常进行检查，催芽期间要勤倒种。室温不易控制。若温度偏低，则催芽期延长，影响冬贮期间种胚生理后熟的完成。反之，若温度偏高，则易出现发霉腐烂问题，影响催芽效果。冬贮时间短，种胚发育不够充分，翌春出苗率低，也不整齐。浪费能源

和人力，催芽成本高。

此种方法多在翌春急需催芽种子情况下采用，一般不用。

（3）槽式人工催芽 根据催芽种子的数量，可分别采用木箱、木槽或砖砌的槽形床等。用这种方法催芽，应注意掌握如下技术环节。

①催芽场地：选择背风向阳、地势高燥、排水良好的地方，清除表土，周围挖好排水沟，留出晒种场，夹好防风障。

②催芽箱规格：在平整好的场地上，放置催芽箱或床框，箱（框）高40cm，宽90～100cm，长度依种子数量而定。为控制温度变化，框周围用土培严踏实。

③催芽基质：催芽基质有纯沙、沙加腐殖土（体积比2∶1）、纯腐殖土等。一般以纯沙为最好，纯腐殖土做基质易烂种。为防止种子腐烂，催芽基质可先用1%杀菌的多菌灵消毒。

④浸种装箱：处理前，为使干种子充分吸水，先用自来水浸种1昼夜，捞出稍微晾干，再用过筛基质按种子1份、基质3份的比例拌匀，装入箱内。由于在催芽过程中与木框直接接触的种子易腐烂，因此在装箱时，箱内侧四周最好放些纯基质，使种子不与木箱框直接接触。装完种子与基质的混合物后，整平并覆盖沙土10cm，以保持适宜的温度和水分。

⑤催芽期间的管理：a.搭棚。为防止强光暴晒和雨水进入箱内，要架设大小适宜、东西走向、北高南低的荫棚，防止积水。b.倒种。催芽期间要定期倒种，使箱内上下层温度和水分一致，通气良好，以利种胚发育。裂口前每隔10～15天倒种1次，裂口后每隔7～10天倒种1次。倒种次数少，容易烂种且裂口不齐。倒种方法：将种子从箱内取出，放在塑料布上，充分翻倒，并挑出霉烂粒。沙土过湿可置背阴处晾一晾，不宜强光暴晒。c.调水。发现种层水分不足时，可浇水调节。一般在倒种前一天浇水，浇水量以渗入到种层1/3处为度，次日倒种，则种层水分基本均匀适量。如果用纯沙做基质，沙子含水量不宜超过15%，一般8%～10%；用腐殖土加沙催芽，含水量20%～30%为宜；纯腐殖土

催芽，含水量30%～40%为佳。d.调温。催芽前期适宜温度为18～20℃，温度过低影响种胚发育，温度过高，超过25℃，种子易霉烂。箱内温度低时，可揭开遮阴物日晒；温度过高，可盖帘遮阴或置阴凉处降温。裂口后保持温度15℃左右为宜。

⑥裂口种子冬贮：完成种胚形态后熟的种子，需在封冻前选择背阴高燥场地，挖一个窖，窖底用木头或石块垫起，将种子箱放入窖内，箱口高出地面15cm，上覆薄膜，培土30cm踏实。待土壤封冻后，再覆1层锯末或落叶，浇适量水，冻结后用帘子压好，周围挖好排水沟，防止桃花水浸入，翌春取出播种。

（4）畦土自然催芽　畦土自然催芽，即将种子和过筛细土混合好，埋藏在参畦中，令其在自然条件下完成胚的生长发育。催芽期间的温湿度随自然温湿度的变化而变化，不进行任何管理。该方法比采用箱槽或人工催芽法简单、省工、省料，种子裂口整齐，种胚发育好，不烂种，安全可靠。

畦土自然催芽方法：利用待栽参的土垄，将畦土做成宽100cm，深10cm的土槽，先在槽底铺上尼龙网，然后按种子1份加过筛基质3份混匀，装在槽内，厚5～7cm，摊平。然后在上面盖1层尼龙纱网，覆土10cm，搂平畦面，上盖落叶或杂草，防止雨水冲刷。催芽期间不进行管理，6月末处理，10月上旬便可取出播种。在处理期间要勤检查，发现问题及时解决。

以下是几种处理方法对畦土自然催芽效果的影响。

①催芽时期对催芽效果的影响。从6月5日至8月5日，每10天催芽1批，催芽期间除定期取少量样品进行观察外，不进行任何管理。于10月18日取出检查，结果表明，7月15日以前各期催芽的种子裂口率皆在83%以上；种胚发育良好，胚率为80%的种子占86%以上；随着催芽时间的推迟，种子裂口率和胚率为80%以上的种子比率均降低。

②催芽前干种子用水浸泡对催芽效果的影响。将种子分期催芽，每期种子再分成两份。一份用水浸泡1昼夜，另一份保持干燥状态，然后同时置于

床土中催芽，10月18日检查种子裂口及腐烂情况。7月15日前催芽的干种子和湿种子裂口率差异均不大。7月15日以后两期，浸种比干种催芽裂口率高16%～28%。说明早期催芽的种子由于催芽时间长，干种子虽不经冷水浸泡，但裂口率不受影响，而后期催芽的种子，浸种有提高裂口率的效果。

③种子拌土与不拌土对催芽效果的影响。6月15日将待催芽的种子分干种拌土、湿种拌土和不拌土3种处理。10月18日检查裂口和腐烂情况，不论湿种子还是干种子，不拌土的处理裂口率和胚率均在80%以上的种子比率明显比拌土的低，而且霉烂率亦明显增加。这可能是拌土利于调节种子层的温湿度，从而促进了种胚发育。而不拌土的种子由于种子层温湿度不适宜，致使种胚发育缓慢，霉烂率上升。

④种子质量对催芽效果的影响。催芽种子的裂口率与催芽前的种胚发育程度和种子质量关系密切。生产中一次性采收的种子质量较差，主要问题是种子成熟度不一，大小不一，饱满度不一。采取疏花疏果措施培育的优良种子基本克服了上述问题，因而与不疏花疏果一次性采收的种子比催芽后裂口率和胚率为80%以上的种子比率均明显提高，霉烂率明显降低。

（5）小容器（花盆或小木箱）催芽　种子数量少，可用花盆或小木箱催芽。先在花盆底部放5cm左右厚的沙土，然后放入沙土和种子混合物（沙土3份，种子1份），上覆5cm左右厚沙土，保持适宜的温度和水分。这种方法基本与箱槽式催芽法相同，只是容器小些，适合于个体户采用。催芽期间要经常倒种、调温、调湿。条件不容易掌握，催芽效果不稳定。

**4. 加快种胚后熟的方法**

植物生长调节剂可明显促进种胚后熟。在种子催芽过程中，常用植物生长调节剂进行种子处理，以缩短催芽时间。在植物生长调节剂中最常用的是用赤霉素50～100mg/L浸种1～24小时，可使种胚形态后熟期缩短一半。但若处理浓度或时间不当，胚乳有"液化"现象。

**5. 种子裂口标准**

人工催芽的种子，达到如下要求为符合标准：①裂口率达95%以上；②种胚完成了胚根、胚轴、胚芽和子叶等形态分化；③胚率（胚长/胚乳长×100%）达95%的种子占90%以上。

没达到上述标准的种子，秋季播种后因不能顺利完成生理后熟，出苗率低。因此，仍需在适宜的条件下进行处理，达到标准后再行秋播或者进行低温处理（2~3℃），使之经过生理后熟，翌年春播。

## 二、栽培技术

### （一）无公害高产栽培的环境条件

人参的生长发育，离不开温度、光照、土壤、水分、空气5大生态环境条件。这些条件的好坏，与人参的产量和产品质量息息相关。其中直接影响人参的农药残留和重金属含量的主要因素是土壤环境、水质环境和大气环境条件。

**1. 土壤环境条件**

选择平地、平岗地或坡度在15°以下，远离居民区和主要公路500m，对所用地块进行测定，所选地块环境检测土、水和大气均应符《生产用地土壤、水质、空气环境质量标准》，检测结果不符合上述标准的土地一律禁用，特别是有机氯、有机磷、有机砷、重金属含量超标的地块坚决禁止使用。以阔叶林或以针阔叶混交林，灌木层为胡枝子、榛柴等为主的林地抚育种植。其他林地及农田地应改良土后使用。宜选择黄砂腐殖土、黑砂腐殖土、壤土或砂质壤土、有机质含量在3%以上，固、液、气三项比为1:1:2，土壤微酸性，氮、磷、钾含量较高、微量元素较丰富。土壤具有良好的团粒结构，保水保肥能力强，土壤中六六六（BHC）含量不得超过0.4mg/kg，五氯硝基苯（PCNB）不得超过0.3mg/kg。平地、岗地、山坡在15°以内，超过20°的坡地不宜使用。坡向以东、南、北三个坡向为宜。根据黑黄土比例及地形地貌确定所选地块的用途，黄土含量较高的缓坡地作为人参生产的育苗田，腐殖质含量高，平地或低洼地作为移栽田。

### 2. 水质环境条件

植物所需要的水分主要来自土壤中的水分。土壤中的水分在一定条件下也会受到污染，如江河污染水会渗到土壤中而造成土壤污染。在作物生长发育过程中，当天气干旱，土壤中水分不足时，需进行人工浇灌来补充土壤水分。无论土壤中水污染，还是灌溉用水受污染，均会影响人参药材质量，甚至导致人参药材农药残留和重金属含量超标而不能作药用。因此，种植中药材，对水质环境条件要求更严格。在种植人参选地时要注重水质环境，灌溉用水要执行GB 5084—1992《农田灌溉水质标准》。选地后对灌溉水源进行检测化验，符合标准后方可使用。

### 3. 大气环境条件

近年来，随着工业的快速发展，在提高国民经济和人民生活水平的同时，也给城市和工业矿区大气环境造成不同程度的污染。污染物质随风飘移，附近周边地区也会受到污染。在人参种植区域内，如果大气中的二氧化硫、氮氧化物、总悬浮粒等有害物质含量过高，被人参吸收积累，不仅影响生长发育，更严重影响产品质量。汽车排放的尾气中铅含量较高，随风飘落到公路两侧土壤及植物中，被植物吸收积累而导致含量过高。因此，在选择人参用地时要远离城市和工业污染区，远离主要公路干线，选择空气清新的区域种植人参，为保证大气环境质量达到标准，选地后请相关部门进行大气监测，符合GB 3095—1996，《环境空气质量标准》后再进行种植。

### 4. 生态条件

人参多生于冷凉山区，针阔叶混交林和阔叶杂木林下；群落结构上层为乔木，中层为灌木，下层为草本植物；荫蔽度适中。土壤为腐殖质层深厚、质地疏松、排水良好的棕色森林土，土壤pH值为5.5～6.5，海拔500～1000m。人参为喜阴植物，长期在山林环境中生长，经过系统发育，适应中温带大陆性季风气候，具有喜气候冷凉、湿润，怕强光，忌高温，耐严寒的特性。

（1）温度 年平均气温2～3℃；整个生长期适宜温度10～30℃；春季平均气温10℃时，即可出苗；苗期以平均气温15℃为宜。生长期最适宜温度为10～25℃。气温高于34℃，光照强度过大时，叶片易受灼伤。低于10℃生长受到抑制，越冬时可耐-40℃的低温。

（2）水分 人参适宜生长在排水良好、结构疏松、持水量大、不易干旱的土壤中；经测定土壤湿度大致在30%～45%。如土壤含水量过大，则易罹致病害；如过小，则人参的生长发育不良。因此在栽培人参时应注意防涝、防旱，如可以用树叶覆盖畦面，防止土壤水分的蒸发，在干旱时可适当浇水。

（3）光照 人参需要适量的光照，因此野生人参绝不生长在完全暴露或完全荫蔽的场所，在自然环境中，其郁闭度一般为0.7～0.9。人参喜漫射光、散射光及折射光，切忌强光和烈日直射。

### （二）育苗技术

#### 1. 选地和整地

选地是人参育苗的重要环节。人参育苗地宜选择土质疏松、肥沃、具团粒结构，通气透水性能良好的壤土或砂质壤土；育苗地前茬作物以大豆、苏子、苜蓿、紫穗槐、玉米和谷子等作物为好，不宜选择前茬是茄子、土豆等蔬菜类的茬口，否则参苗生长发育不良，病害多，易发生虫害。

选择适当的育苗地后，在育苗的前一年要进行土壤休闲、熟化、翻倒晾晒，翻倒次数以土壤疏松程度和熟化情况而定，一般2～3次，最好伏前进行，切勿雨天作业。伴随倒土进行施肥改土，土壤贫瘠的地块，施用腐熟的猪粪及鹿粪，每平方米15kg；山地腐殖土可掺入一定量的活黄土来改善土壤的团粒结构，增加透水性。如此改良不仅能提高地力，还能改善土壤中水、气、固体颗粒的3项容积比，减少病害发生，使之获得较好的效果。

#### 2. 播种时期

人参种子因种胚具有缓慢生长发育特性，所以播种期也不同于其他作物，只要土壤未封冻，均可进行播种。根据种子发育程度和气候特点，一般分为春播、夏播（伏播）、秋播3个时期。

（1）春播　4月下旬左右，当土壤解冻后，即可进行播种。催芽种子春播，当年可出苗。也可播种干籽，翌年春出苗，但因播种后需要管理，故多不采用。

（2）夏播　亦称伏播，多播种干籽。无霜期短的地区要求在6月底播完。无霜期较长的地区，播干籽可延迟到7月上中旬。播水籽，要在8月上旬以前播完为好，否则影响翌年人参种子的出苗。

（3）秋播　秋季播种，多于10月中下旬播种催芽的种子。

3个播种时期，各有利弊。春播催芽种子，当年能出苗，但常因春季干旱，由于做畦播种，加重土壤旱情，影响出苗率。夏播只能播种干籽和水籽，播后要进行适当的田间管理，增加了用工量，但省略了人工催芽繁琐程序，避免催芽期间管理不善造成损失。秋播有利于春季出苗，各地多利用。

### 3. 播种方法

目前各产区采用的播种方法有：点播、条播、撒播3种。

（1）点播　在做好的畦面上，用木制的压穴器，从畦的一端开始，一器挨一器的压穴。每穴播一粒种子，覆土3～5cm。覆土后，用木板轻轻镇压畦面，使土壤和种子紧密结合。秋播的种子播后要覆盖落叶，压上防寒土。一般育一年生苗，采用3.5cm×4cm点播；育二年生苗采用4cm×4cm点播；育三年生苗采用5cm×5cm点播。

（2）条播　用平头镐在做好畦面上，按行距要求，开成5cm深的平底沟，将种子均匀撒在沟内。或用特制的条播器，平放于畦面上，把种子撒在播幅内，覆土3～5cm。一般采用行距10cm，播幅5cm条播。

（3）撒播　用木耙或刮土板将畦面上的土壤推向两边，搂平畦底，做成5cm左右深的畦槽。要求畦边齐，畦底平，中间略高，将种子均匀撒于槽内，覆土5cm。

3种播种方法，以点播为好，节省种子，种子分布均匀，覆土深浅一致，出苗齐，生长整齐健壮，种苗可利用率高。条播比撒播省种子，有利于苗畦通风，便于田间管理，但种子分布不均匀，营养面积不一致，植株生长不够整齐，参根大小不一，种苗利用率低。如果在条播基础上，适当进行间苗，培育较高质量的参苗是可能的。撒播省工，但浪费种子，种子分布不均匀，覆土深浅不一致，单株营养面积不均匀，参苗生长不整齐，可利用率低。

### 4. 荫棚的种类

人参为阴性植物，必须遮阴栽培。而遮阴方式不同，对人参生育、产量和质量又有直接影响。为此，人参栽培中必须实行科学遮阴，充分合理利用光能，提高人参光合效率，方能达到优质高产的目的。

（1）全荫棚　是一种既不透光又不透雨的荫棚，为我国传统的遮阴方式。最早用木板，近年用苇帘、稻草帘及油毡纸等苫棚。全荫棚下光状况相当复杂，有直射和漫射两种光照时期，直射时强度高，变幅大；漫射时强度低，变幅小。并直接影响棚下小气候变化及不同畦位的人参生育和生理特性，导致参株生育颇不均衡一致，全荫棚栽参产量低、质量差、用材量大、成本高。目前，我国东北人参主产区，全荫棚栽参将逐步被淘汰；我国南方低纬度高海拔山区栽参，尚可应用全荫棚遮阴，因其有助于防止高温及强光和紫外线对人参生育产生的不良影响。

（2）单透棚　是一种透光而不透雨的荫棚，故又称单透光棚，为我国人参栽培在遮阴技术上的重要革新。王铁生等研究结果表明，单透光棚比全阴棚光状况好，9～14小时仍能受到一定强度的直射光照，提高了人参的光合作用强度，因而棚下人参生育健壮，参根增重速度快，产量高，质量好，比全荫棚增产47%；人参支头大，浆气足，病根少。目前，我国人参产区已大面积推广应用。

单透光棚的构成是，将耐低温、防老化PVC无色农膜夹于两片透光的花帘中间，花帘透度（苇把：透缝）一般为（2：4）～6，相对照度为20%～30%。吉林省长白县人参种植户，广泛采用单层农膜并根据生长季节气温的变化应用增减花帘的办法调光。例如，5月只覆一层膜，6月一层膜加一层花帘，7月一层膜加二层花帘，8月一层膜加一层花帘，9月又只覆一层膜。这种调光单透棚，能够做到因时制宜地调节棚下的光强状况，有利人参生育，起到明显增产效果，获得了大面积单产2.25kg/m$^2$的记录。

不同光质对人参生育、生理特性及人参皂苷含量有一定影响。据王铁生等研究报告，应用浅绿色膜遮阴比无色膜人参生育健壮，光合作用强度高，干物质积累快，有利于参根增重；黄色膜和紫色膜可提高人参皂苷含量。目前，绿色膜单透光棚，正在生产中逐步推广应用。

（3）双透棚　是一种既透光又透雨的荫棚。双透棚是我国人参遮阴技术上的重大革新。据王铁生等报告，双透棚比全荫棚能合理利用光能，人参光合速率提高0.4～1.4倍，参根增重速度提高0.7～1.1倍。双透棚能够充分利用自然降水，避免旱害发生，确保人参高产优质，同时节约灌溉能源和资金，降低生产成本。人参单产提高40%～100%，人参质量好，支头大，浆气足，病根少；遮阴费降低65%；人参总皂苷含量提高19%～43%。双透棚栽参的丰产技术要点如下。

①合理采光是双透棚栽参增产的前提。应用苇把（1～1.5cm）间隙0.5～1.0cm采光效果较好。

②注意选地是双透棚栽参增产的重要条件。一般选择土壤肥沃、排水良好土地，降雨多，土壤排水不良，不宜采用。

③覆盖落叶是双透棚栽参增产的关键。覆盖有防旱保墒、排水防涝、减轻病害发生、保持土壤疏松等多种效应。

④增施基肥或追肥是双透棚栽参增产的重要措施。双透棚光、温、水分状况好，人参生长健壮，必须相应满足营养的需求，增施基肥或追肥。

⑤加强防病是双透棚栽参增产的重要环节。双透棚透光漏雨，病害威胁较大，必须加强综合防病措施。

⑥精细管理是双透棚栽参的重要保证。要根据双透棚及当地气候、土质条件的特点，因地制宜地采取各种行之有效的栽培管理措施，充分发挥双透棚对人参生育的有利条件，克服和避免不利因素的影响，创造良好的栽培环境条

件。要求每一项栽培管理措施，做到作业适时、措施适当、质量适合。

### 5. 苗田松土除草

松土除草可使畦土疏松，增强透气性，提高土温，调节水分，消灭杂草，清除杂物，为人参生长发育创造良好的土壤条件。

播种地和育苗田，一般不松土，视杂草情况进行拔草，一年拔草3～5次，以保持畦面无杂草为原则。畦面板结影响出苗时，可用小铁钩破除板结，确保人参出苗。

松土时要视参龄大小、覆土深度、参根生育情况来确定深度。一般第一次松土深度以达到参根为宜，第二次以后的松土，因须根旺盛生长，要适当浅松，以不伤水须为度，深松土易碰断须根，影响参根生长，并易感染病害。

### 6. 畦面覆盖落叶

畦面覆盖落叶，是双透棚和单透棚栽参保苗、增产的重要措施之一。其作用在于调节或缓冲土壤水分的变化，干旱时可防止水分蒸发，多雨期能防止畦内水分过多增加，缓冲土壤过湿过旱现象发生；雨水不能直接淋滴畦面，可防止土壤板结，并能控制土壤带菌的传播，减少病害的发生；缓和土壤温度的剧烈变化，减少松土次数，展叶期彻底松土一次，覆盖落叶后不再进行松土。

### 7. 施肥

人参施肥根据土壤肥力和植株生育状况而定，土壤肥力差，植株生长弱，可适当施肥或追肥。

生育初期施用完全性肥料，生育中后期应适当施含磷、钾素高的肥料，追肥应采取少施、勤施，一次追肥量不得过大；以有机肥为主，配合少量无机肥；追肥时，勿使肥料接触参根；土壤干旱，追肥后必须灌水，注意水肥结合。

人参肥料的施用分为基肥、根外追肥及叶面追肥，基肥是主要的施肥方式。基肥宜早施，在整地、倒土、做畦时施用的肥料为基肥。必须用充分腐熟的各种农家肥，但要根据肥料性质和土壤条件选择适宜的肥料。猪粪中含氮、磷、钾量较高；马粪、鹿粪、堆肥和绿肥有机质含量较多。一般土壤较黏重，通气性差的可多施鹿粪、草炭、绿肥等有机质含量高的肥料。土壤疏松、肥力较差的土壤可多施猪粪或鹿粪等。马粪有机质含量高，纤维较粗，质地疏松，通气良好，发热量大，属于热性肥料。但在砂性大的土壤，干旱地块，岗地或干旱季节不宜施用。若施用马粪，会加剧土壤旱情，叶片有干尖现象。而在低洼地块和含水量较大的土壤条件下，增产效果明显。

利用放线菌、酵酶菌肥料，近年在生产上应用，具有改土增肥，抑菌防病，刺激人参生长等作用，使人参提早出苗4～6天，植株生育健壮，保苗率提高28%～35%，平均增产21.5%～24.1%，高档参率提高15%～20%，参龄小的增产效果更佳。

### 8. 调光

人参具有典型阴性植物的组织结构特点，必须进行遮阴育苗，参棚的选择主要依据育苗土壤和气候环境条件而定。一般地区选择单透拱棚，土壤湿度大的地区可用通风良好的斜棚，干旱地区可用双透棚，在具有灌溉条件的可选用塑料大棚育苗，透光率过大的遮阴棚，往往导致小苗出现灼烧现象。透光率过小、小苗表现明显的向光性，合理的育苗透光率以15%较为适宜，棚的周边在6月下旬起要挂花帘，并注意夕阳光的光照强度。

### 9. 越冬

冬前，应在参田四周风口处架设防风障，避免寒风侵袭参畦，发生冻害，防止春季大风刮坏参棚，造成参株损失。人参苗越冬必须在土壤结冻前覆好防寒物，过晚，土壤结冻，参根易受寒害影响。防寒的具体方法是在畦面上先铺一层无籽的杂草或落叶，然后挖取作业道上的土壤，扣压在参畦表面，包好畦头和畦帮，畦面要扣严铺草。冬季雪大严寒的山区，可下膜撤帘，既可防止大雪压坏参棚，又可使冬雪落在参畦上，以达防寒保墒目的。

## （三）田间管理

### 1. 人参出苗前管理

人参出苗前的管理是人参田间管理的第一项，也是最主要的一项管理工作，

如管理不当就会使人参受害而缺苗减产，因而要十分注意人参出苗前的管理。

（1）盖雪和撒雪　入冬以后，要将棚架或薄膜撤下，使冬季降雪落在畦面上，起防寒保温作用。冬季畦面上雪少，要人工上雪，要将作业道上的雪撮到畦面上盖匀，厚度15cm以上为好。

在封冻前或春季化冻时，降到畦面上的雪，必须及时撒下去，俗称"推雪"。这种雪水容易渗入畦内，使人参感病烂芽、烂根。不下帘的参棚，当积雪厚度达10cm以上时，易压坏棚架，也要及时撤下来。

（2）防止桃花水　每年3~4月，积雪开始融化。常因排水沟挖不好，雪水流不出去造成积水浸入畦内，汇流地方易冲坏参畦，或从畦面蔓延，受害地方人参易烂根、烂芽，所以必须做好预防工作，当雪水融化时，要有专人检查排水。

（3）防止融冻型冻害　初冬和早春气温变化激烈，特别是向阳坡及风口地方，白天化冻晚间结冻，一冻一化易冻坏参根，俗称"缓阳冻"。因此，在上防寒土时一定要符合标准，结合清理排水沟时，往畦面多加些土或盖一层帘子，防止发生缓阳冻害。

（4）维修参棚、清理田间　化雪后至出苗前，要把倒塌棚、不结实的棚架修好，以防倒塌损坏参苗。同时要将畦面、水沟和作业道上的杂草、烂木等杂物彻底清除田外，保持田间清洁和雪水畅通。

（5）撤除防寒物

①时间：4月随着气温的逐渐升高，人参越冬芽开始萌动，各地要根据气温的变化、土壤解冻的深度和越冬芽的萌动情况，决定具体撤除防寒物的时间。当气温逐渐升高，基本稳定在8℃以上时，参畦土壤全部化透、越冬芽将要萌动时，撤除防寒物最为适宜。过早撤除防寒物易遭受融冻型冻害，过晚往往因芽苞已萌动易损伤芽苞。

②方法：用木耙子将覆盖在畦面上的防寒土、落叶、杂草等搂到作业道上，然后用耙子将参畦表土搂松，深度以不损伤参根和越冬芽为度。即将覆土

层搂透、畦面搂平，撤下来的土和夹物堆放在作业道上，并将杂物运出地外。

③注意事项：搂畦时，应根据覆土深度，确定搂畦深度。播种田和1～3年生育苗田只撤除防寒物不搂畦，只有在表土层板结时可轻搂畦面。先撤阳坡地块，后撤阴坡地块；先撤陈栽地块，后撤新栽地块；要将畦面搂成小拱形，防止高低不平。

（6）畦面消毒　撤除防寒物后，及时用1%硫酸铜或多菌灵200倍液进行消毒，尽量做到床面、参棚及作业道全面消毒，以尽量消灭或减少由于上防寒物而带到畦面上的有害微生物。

**2．松土除草**

在人参出苗前，或土壤板结、土壤湿度过大、畦面杂草较多的情况下，应适时进行松土除草，以使土壤疏松，降低土壤湿度，提高土壤温度，减少杂草为害，以利人参出苗、生长，减轻病害发生。松土深度应适当，防止伤根创面感染；松土次数宜少，防止带菌传播。最好实行浅松、少松或不松土，采取畦面覆盖措施，利多弊少。

（1）松土时间与次数　人参出苗后，第一次松土多在展叶期进行。过早易损伤幼嫩的参苗，过晚新发出的须根上返易受损伤。因此，要掌握好出苗后第一次松土的时间。北方一般在5月中下旬进行，南方在4月中旬至5月上旬进行。以后每隔20天左右进行1次，并结合除草，拔除病株，摘除病叶，运到参地以外深埋。松土一定要防止伤根，否则易感病。全年松土除草4～7次。

（2）松土深度　根据参龄大小、覆土深度、参根生育情况而定。第一次松土深度以达到参根为宜；第二次以后的松土，因须根已旺盛生长，要适当浅松，一般2cm左右，以不伤水须为度。

（3）松土方法　目前参业生产中尚无松土工具，仍然用手进行松土。两个人一组，一人在前檐，一人在后檐，用手将行间和株间畦土抓松、抓细，整平畦面。畦帮用手叉挖松或用锄铲松，以增进土壤的透气性。

### 3. 施肥

人参的施肥方式从大的方面分，主要有基肥和追肥两类。

（1）基肥　人参的基肥主要以有机肥为主，肥效长，养分全，并有改良土壤的作用。一些迟效性无机肥，如二铵、三料磷肥、过磷酸钙等亦可做基肥。根据施肥时间和方法，基肥可分为两种。

①改土肥：国内外广泛采用的人参施肥方法。利用荒山、荒地栽人参应施改土肥，农田栽参则必须施改土肥。梁秀娟等试验在农田土栽参施用猪粪、堆肥、绿肥、鹿粪、草炭、油饼、草木灰、陈墙土、炕洞土等用作基肥或追肥。有机肥料的施用，必须要充分腐熟。草炭提高参根产量71.6%，堆肥加灰和灰肥提高参根产量33%～35%。方法是在栽参前一年种植绿肥作物（伏季翻压入土壤中），晚秋翻耕1次；或在栽参前一年刨土，整地时施入有机肥；或在栽参当年春季施有机肥，经过一个夏季休闲管理和翻倒，使粪肥在土壤混合均匀并充分腐熟，秋季即可做畦栽参。

②底肥：在做畦或播种移栽时将肥料施入土中。在粪肥缺少的情况下，这是一种比较经济的方法。具体做法是：做畦时，把底肥均匀撒到畦面上，然后用铁锹拌入参畦10～15cm土层中，把参苗摆在上面；或在栽参时先在挖好的斜面上撒上一层肥，最好用畦土覆好。

生产中常用的基肥有：腐熟落叶、饼肥、绿肥、苏子和堆制的五四零六菌肥为好。必要时适当拌施过磷酸钙及硼镁肥等。应因地制宜，选用适合的有机肥料，并确定合理的用量。

（2）追肥　追肥即在人参生长过程中，把肥料施入根侧或喷洒在茎叶上。无机肥一般作追肥用，也可与有机肥配合施用。根据追肥的施用部位，追肥有根侧追肥和叶面追肥两种。

①根侧追肥：常用肥料有炒苏子、饼肥、过磷酸钙、脱胶骨粉、微量元素等，在春季人参展叶前后结合松土，对六年生的人参实行行间开沟，将要施的肥料施入沟内，把沟填平，并浇一次水，不要浇透。浇水后要轻轻疏松土壤，

然后畦面覆盖落叶或稻草等，以保肥保水。

实践证明，春季增施饼肥是一种增产效果十分显著的方法。具体做法如下：按每平方米0.05～0.15kg豆饼的施用量，将称好的豆饼用水泡开，然后放在缸内或水槽里，用薄膜把缸口或槽口封好，在25～30℃下发酵。每隔7～10天搅拌1次，使之发酵均匀。发酵时间最好在5月20日前完成。把发酵好的豆饼用电磨磨成糊状，然后用20%过磷酸钙澄清液稀释，每1kg豆饼兑水40～60kg，需要加微量元素的也可以同时加入，搅拌均匀即可开沟追肥。

②叶面喷肥：将液体肥料均匀喷洒在叶面上通过叶片吸收营养，达到施肥增产的目的。施磷肥促使出苗、开花，果实红熟期提前，延迟枯萎，参根产量提高32.0%。这种方法成本低，收效大。常用的叶面追肥多为无机肥，如2%过磷酸钙、0.2%～0.5%硫酸锌、0.2%磷酸二氢钾、0.01%～0.02%硼酸、0.2%高锰酸钾、复合肥、生长调节剂及菌肥等。一般在展叶后期、青果期和果实红熟后期各喷1次。

（3）施肥的注意事项　人参施肥应注意以下几点：①有机肥一定要充分腐熟，禁止使用未发酵的肥料。②基肥最好在备土、倒土时施用，施后要充分翻倒，使肥料与土壤充分混合。③施肥时期与方法要得当。根侧追肥时，肥料不能与根直接接触，施后应灌水。叶面肥追肥应在展叶后进行，浓度不宜过大，以免烧伤叶片。④施用液体肥料，一定要使肥料充分溶解，过磷酸钙要浸泡24小时以上。⑤施用植物生长调节剂时，一定要掌握好浓度，避免产生药害。要注意抑制剂类调节剂对人参生长及种子萌发所产生的副作用。⑥没有使用过有机肥、无机肥和复合肥，大面积应用前应先进行小区试验，不要乱用，以免发生肥害。

### 4. 灌溉

在人参生育期中，参畦水分状况如何，不仅直接影响人参的生育，还和土壤肥力、棚下小气候状况以及各项栽培技术措施都有密切关系。东北是我国人参主产区，多数栽参地方历年偏旱少雨，加之采用不透雨棚如全荫棚、单透光棚和山坡地栽培，因干旱减产较为常见。因此，在生育期中充分满足人参生理生态需水，创造一个适于人参生长发育的光、水、肥、气、热协调环境，才能促进人参高产优质。

人参的灌溉方法主要有浇灌、渗灌、滴灌及喷灌4种。

（1）浇灌　①开沟浇灌：于行间开沟，深度以不损伤参根为度，用水桶或引水管浇灌，一次灌足，渗水后覆土。开沟灌适于山坡地栽参、畦面无覆盖或缺少机电引水设备的参区应用，方法简便易行，参农广泛采用，一般可增产30%～40%。②畦面浇灌：畦面覆盖麦秆、稻草，用引水管直接浇灌畦面。适于平地栽参，须有机电引水设备。③畦沟浇灌：多畦大棚栽参，可向畦间作业道引水沟浇灌。

（2）渗灌　又称地下灌溉，灌溉水通过埋在地下的管道，从土层下面沿毛细管上升浸润上层土壤。其优点是能保持土壤团粒结构，地面不易板结龟裂，土壤通气状况良好，灌水方便，减少土壤水分蒸发，能节约水电，降低灌溉成本。试验结果表明，通过渗灌，能够提高土壤湿度，防止旱害发生，人参生长健壮，有利于干物质积累，人参产量高、质量好；种子增产27%，三年生苗增产83%，六年生人参增产20%，优质苗率提高近1倍。因此，渗灌既是培育人参壮苗、保证高产优质的经济有效措施，又是今后参业生产灌溉的主要发展方向。

试验还表明，渗灌并施用有机肥如饼肥、苏子，有利于人参正常生长，增加根重；施用无机肥如磷酸二铵和三料磷肥，叶子早期枯黄，参根烧须严重，表现肥害。渗灌并施用不同农药土壤消毒，如1000倍扑海因液可明显减轻烧须；500倍多菌灵液，可减轻锈腐病烂根。

（3）微灌　微灌包括微型喷灌和滴灌，是近年发展起来的先进灌溉技术，采用合理的供水和控制系统可将每次灌水量及土壤湿度控制在最佳状态，既省水，土壤又不板结，经试用效果很好，微喷比用皮管在畦面浇灌二年生苗可增产2倍以上。不论应用什么方法进行灌溉，都必须根据人参的需水规律并因地因时制宜，考虑人参的年生、生育时期、气候、土壤及地势等情况，也就是要"看苗、看天、看地"进行科学灌溉，做到灌溉适时，方法适宜，水量适当。不要待参株已表现旱象时才灌溉，否则会影响产量。

**5. 调光**

人参栽培中，选用不同荫棚和棚式及其不同规格，仅仅是一种基础性的调光措施，并不能满足人参整个生长期适宜的采光要求。还应根据不同生长季节温度的变化，因时制宜地采取多种有效的辅助性措施，调节光强与温度，如春、秋低温季节，提高光强有利于提高人参光合速度，增加干物质积累，促进人参生长；如夏天高温季节，减弱光强而降低温度，可避免强光高温影响人参光合速度，减少干物质积累，对人参生长不利。辅助性调光措施主要有如下几种。

（1）调节荫棚透光率　根据人参不同生长期需要，通过增加或减少透棚苫帘的层数，调节参棚透光率，满足人参正常生长需要。这种调光法，虽然大面积应用有一定困难，但收效显著，生产中多采用。

（2）挂面帘　采用斜棚式的全荫棚或透棚，于夏季高温季节（7月上旬至8月上旬），在前后两檐挂上挡光帘，可防止高温旱害和日烧病发生。

（3）压青棵　俗称压花，就近割些阔叶青棵或灌木，于高温季节（伏天）稀疏撒于透光棚上，借以减弱光强，降低温度，简便可行。

（4）插青棵　俗称插花，于参畦两边插上青棵绿枝，进行挡光，适于斜棚苗田采用，简而易行。也有的在移栽田上，将青棵插于参棚两檐上，俗称挂花。

（5）扶苗　对参畦两边向外倾出的1～3行边缘参株，松动土壤，将参株轻轻推扶畦内，称扶苗；也可于参畦两边拉上绳子，拦住参茎，防止外倾，以免造成强光日烧，或引起病害发生。

总之，人参生长期的调光，是一项技术性很强的工作，必须根据当地气候特点和人参生育状况，因地因时制宜地适度地进行调控，既要保证能够充分利用光能，提高人参光合效率，又要保持功能叶无病害绿叶到秋，而达到高产优质。

### 6. 摘蕾

人参生长至第3年及其以后开花结果。在未开花前将花蕾掐掉谓之"摘蕾"。人参的花蕾发育成果实和种子，需要经过一个相当长的营养过程，消耗大量的营养。为了不影响参根的产量，除留种田外，要将各年生人参的蕴含蕾全部掐掉。这样才能使人参有限的光合产物不被繁殖器官所消耗，而主要集中于根部，促进参根的生长发育和产量的提高。

人参在整个栽培的六年生长过程中，不同年生留种和连续采种，皆影响参根的产量和质量。五年生采种1次，参根减产13%；六年生采种1次减产19%；四年生和五年生连续采种减产38%；四、五、六年生连续采种减产44%。为了有计划留种，提高种子质量和参根产量，一般五年生植株留种较为合适。摘除花序对提高参根产量，提高高档参出产率有明显的效果。可以认为摘蕾是参根增产的有效措施。

在5月中下旬人参开花之前，将花蕾掐掉。摘蕾时间过晚影响人参生长，当花梗生长5cm时，从花梗上1/3处将整个花序掐掉。摘蕾时用一只手扶住参茎，另一只手掐断花梗，注意勿拉伤植株。掐掉的花蕾收集起来，阴干保存或加工参花茶、参花晶或提取人参皂苷。

### 7. 越冬管理

（1）清理参园  清理参园是预防人参病虫害发生的主要措施。人参是多年生宿根性植物，一般生长3年之久，每年生长期都感染多种病害或受害虫为害，每年越冬前这些有害病原菌或害虫均以病原孢子或虫卵、蛹等形式在人参茎叶或杂草上越冬，翌年条件适宜时再度侵染，造成病虫害大量发生。因此，每年在人参茎叶枯萎后、参床覆盖防寒物前必须进行清理参园工作。将枯萎的人参茎叶、杂草割下，运到参园外用火烧毁或挖坑深埋。这样可大大减少在参园越冬的有害病菌或虫卵。

（2）越冬覆盖  人参地上部分枯萎后，土壤封冻前，10月下旬至11月上旬，要在新、陈人参播栽田的畦面和畦帮上进行越冬覆盖，一般覆盖树叶、稻草、

蒿草或作业道上的土等，厚度10～20cm，以利保墒，预防融冻型冻害发生。

（3）架设风障　冬前，应在参田四周风口处架设防风障，避免冬季寒风侵袭参畦，发生冻害；防止春季大风吹坏参棚、参株，造成损失。

（4）下膜撤帘　冬季雪大严寒地区，宜下膜撤帘，既可防止大雪压坏参棚，又可使冬雪自然落积参畦，防寒保墒。

（5）扫棚上雪　对不下帘下膜的参棚，雪后要及时扫掉参棚积雪，防止压坏参棚；扫下来的积雪，可覆在参畦上，防旱御寒。

（6）挖沟撤雪　封冻前，要挖好参田排水沟，避免春季雪水浸渍参畦，造成冻害烂参；对新播种、移栽和撤棚参田。秋季土壤结冻前或春季土壤解冻后降雪，应及时搂下来，防止雪水渗入参畦中，促成土壤湿度过大，引起病害烂参。

## （四）人参病害

在人参上发生的侵染性和非侵染性病害有50余种，中国已报道的有30余种。人参立枯病、黑斑病、锈腐病、根腐病、疫病和菌核病是人参上发生的六大主要病害。常年发病率在10%～30%，严重时在50%～100%，不但影响参根的产量和质量，而且降低人参的药用价值和经济效益。

### 1. 黑斑病

黑斑病是人参上发生普遍、为害严重的病害，广泛分布于中国、日本、韩国、朝鲜及俄罗斯远东地区。常年发病率20%～30%，严重时高达90%。造成早期落叶，植株枯萎，不结实，参根和参籽减产，品质变劣。

（1）症状　黑斑病能侵染人参全株各部位，其中以叶、茎、果实和果柄受害严重。叶上病斑多发生于叶尖、叶缘或叶片中部。病斑近圆形至不规则形，直径3～15mm。初呈黄褐色，水浸状，后变褐色，病斑中心色淡，病斑外缘处有的有轮纹状。干燥后极易破裂。遇阴雨潮湿天气病斑迅速扩展，常互相汇合致使叶片枯死。茎、叶柄和花梗、果柄上病斑，初呈椭圆形，淡黄色条斑，后逐渐延长形成长条斑，褐色凹陷，上生黑色霉状物，即病菌的分生孢子梗和分生孢子。发病严重时植株折垂倒伏，病株上部干枯凋萎，引起"倒秸子"，花

序枯死，果实和籽粒干瘪，形成"吊干籽"（图3-1）。

图3-1 人参黑斑病症状

被害果实表面初期呈水浸状，不规则形的褐色斑点，多汁的外果皮逐渐干瘪，表面密生黑色霉层。种子发病呈米黄色，后变锈褐色斑点，密生黑色霉层，胚乳变黑霉烂。解剖检验观察，黑斑病菌先侵染种皮，然后扩展到胚乳和胚部，最后参籽霉烂。为害参根时，从根、根茎和芽苞处生水浸状，黑褐色，湿腐状病斑，烧须后逐渐扩展到全根，变黑腐烂。

（2）病原菌 黑斑病是由人参链格孢菌（*Alternaria panax*）侵染引起的。

（3）传播发病 黑斑病菌以菌丝体在病株残体内或分生孢子在覆盖物及土壤中越冬，也能以菌丝体在被害茎或根顶部越冬，成为第2年初侵染菌源。种子带菌率为1.8%～11.5%。种子上孢子负荷量为0～1.8个，处理的裂口种子带菌率为60%，未裂口的带菌率为85%。每年5月中下旬土温稳定在10～15℃，土壤含水量为23.5%～26%时，则适宜参根、芽苞及茎部发病。茎上黑斑病是参园中心病株再侵染的菌源。茎斑多始发于5月中下旬的幼嫩期，后期木质化的主茎多不发病，可见茎秆仅在木质化以前才能被病菌侵染发病。叶斑始发于5月下旬或6月上旬，一般7月以前很少产生孢子。7～8月叶上病斑数量上升很快，同时产生大量分生孢子导致全田发病。

在参场里菌源量多少与发病迟早轻重关系密切。在新参田里的一年生参苗与四年生参苗新栽畦中，因新参田缺少菌源，直到6月末尚未见到参叶发病，而老参床的参叶上早已病斑密集。直到7月上旬，新参田受外来菌源的传播侵袭才逐渐发病，直到秋末病情仍然很轻。

人参从出苗到展叶期，参株发生茎斑时，便是参床出现早期中心病株，并成为参床内发病中心，这时可开始喷药防治。中心病株出现的时期、数量可直接作为预测指标。人参黑斑病侵染循环周期为4～6天，以此推算在整个生长季节内约可完成20次循环，其侵染周期短，产孢量大，属快速流行病害。构成病害流行速率的快慢、病情的轻重，与温度、湿度（降雨）及菌源量三者关系密切。病害在田间的流行病程可分为始发期、上升期、扩展期和高峰期4个阶段。这个过程的提前或延后决定于当地的温度、湿度和菌源数量。

（4）防治 黑斑病是人参为害严重的病害，许多研究者从消灭菌源、栽培管理和药剂防治等方面开展了防治研究并推广应用，采取以防为主和综合防治措施，取得了明显的防治效果，减轻了为害的发生，提高了人参的产量和质量，获得了显著的经济效益。

①选留无病种子：采种时选无病果穗留种，且勿混入病穗、病粒，搓洗种子时要用清水，发现病粒（吊干籽）应随时挑出，严格选留无病种子作下年播种用种子，播种前进行种子消毒。

②种子和参苗消毒：人参种子尤其从发病较重的留种田采收的种子，在催芽或播种前应进行种子消毒。参苗移栽前也应进行消毒，以防种子和参苗带菌传病。1.5%多抗霉素可湿性粉剂150倍液浸种24小时；1%福尔马林浸种13分钟；50%扑海因可湿性粉剂400倍液浸种2小时，取出阴干后进行催芽处理或播种。参苗可用1.5%多抗霉素可湿性粉剂200倍液、50%扑海因可湿性粉剂400倍液浸苗15分钟，取出晾干后移栽。

③土壤消毒：播种前或移栽前用65%代森锌可湿性粉剂7～8g或75%敌克松可溶性粉剂4～5g与半干的细土13～15kg拌匀，可供1m²的垫土或盖土。当人参出苗前浇灌1%硫酸铜液或100～160倍波尔多液进行床面消毒，人参出苗后用

多菌灵200～400倍液浇灌畦面，每平方米用量是2～5kg，渗入土层深3～5cm，后用清水冲洗叶面1～2次。

④搞好田间卫生：在田间发现病叶、病种子、病茎及病株等，应随时摘掉，拔除深埋或烧毁。秋季应彻底清除参床上所有的枯枝落叶集中烧掉，不应随处乱扔乱放，消灭菌源严防扩散蔓延。

⑤加强田间管理：首先应注意选择地势高平、土壤排水良好的土地做参床。采用单透光棚栽参，参棚覆盖要均匀，要苫好荫棚防止漏雨。合理采光，严禁透光过多，以透缝不大于1cm为宜。从入伏前到立秋后必须适时采取扶苗、插花、挂花及挂面帘等防强光措施，均能明显减轻黑斑病发生。扶苗时参株向内倾斜的角度不宜超过18°，否则会使近地面茎基部产生日烧。

⑥消灭和封锁发病中心：从春季开始经常检查参床，一旦出现发病的中心病株，应立即拔除销毁，并在其周围喷洒农药，才能有效地控制住病害的扩大蔓延。

⑦药剂防治：于人参展叶期发现中心病株出现之前，开始喷药最好，一般在5月中下旬应喷洒第一遍药。1.5%多抗霉素可湿性粉剂150倍液，50%扑海因可湿性粉剂600倍液；70%代森锰锌可湿性粉剂800～1000倍液；10%世高水分散粒剂2000倍液；25%阿米西达悬浮剂1500倍液。然后交替喷洒，并逐渐适当增加浓度。当进入雨季可改喷波尔多液120～180倍液；80%乙磷铝可湿性粉剂400倍液；50%瑞毒霉可湿性粉剂600～800倍液，并可兼防人参疫病。多抗霉素100～200倍液不但防效高，且能提高种子产量，又无残毒。

在防治黑斑病的策略上，首先要消灭和封锁中心病株，用高效的多抗霉素、扑海因、阿米西达将病情控制住，再用廉价农药可降低防治成本。关于喷药时期，应根据病害流行规律的预测来确定，因为每年病害发生轻重、早晚出入很大，如果仅根据人参的物候期或指定日期进行喷药，难以达到预期效果，故应根据预测预报科学喷药。应在参株展叶期茎斑病株出现之前开始喷第一遍药，这是药剂防治的关键时刻，抓准时机喷好第一遍药，将对以后的黑斑病防

治带来显著的防治效果。每次喷药一般间隔7～10天，降雨多时，间隔可缩短到5～7天喷药1次。当久旱无雨时，喷药间隔时间可延至10～15天。当旬平均气温降到15℃以下时，可停止喷药。

**2. 锈腐病**

在人参根部病害中锈腐病是首要病害。凡种植人参的地区和国家都有此病发生。锈腐病发生普遍，一般发病率为25%～44%，严重地块发病率为80%～100%，严重地影响了参根的产量和商品价值。锈腐病也是形成老参地的主要原因之一。

（1）症状　锈腐病菌可侵染各年生的参根、茎和芽苞等部位，发病初期参根表皮出现黄锈色小斑点，由浅入深，逐渐扩大汇合，最后病斑呈近圆形、椭圆形或不规则形，锈色，边缘稍隆起，中央略凹陷，与健康部位界限分明。严重时病斑可连成一片，甚至扩及全根，深入内部组织导致干腐。受害轻者参根上除形成锈斑外，须根烂光，重者侧根乃至全根烂掉，仅剩部分烂根残皮（图3-2）。

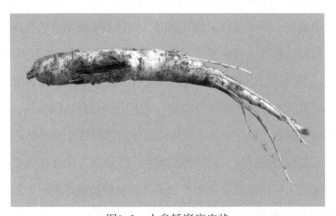

图3-2　人参锈腐病症状

锈腐病症状分为两类：一是病菌仅侵染根皮表面，局限于表皮下面几层细胞，病斑组织用手指摩擦容易剥落，可见到下面的健康组织，在根斑处通过形

成一层向心的木栓形成层来隔断被害组织，阻止病害进一步发展为害，病斑脱离后在根表面上残留一凹陷的疤痕；二是病斑不局限于表皮下细胞，病斑扩展到皮层常达到中柱并腐烂，扩展到根的整个横断面，最后病根从该处断裂留下截断的根头，有时根茎连同芽苞一起烂掉。

患病植株的地上部明显矮小，叶片不展，叶色变黄色或红色，或虽不变色，但叶片皱褶不平。埋于土里的茎基部发病时也常呈褐色病斑，严重时整个植株萎蔫，倒伏枯死。芽苞发病后逐渐变色腐烂，不能出苗。该病在参苗地，新栽参地都能发生，在连作参地中发病尤其严重，常造成绝产。

（2）病原菌　　目前已报道的引起锈腐病的病原菌有5种。

①锈腐柱孢菌（*Cylindrcarpon destructans*（Zinns.）Scholton）

②人参生柱孢菌（*Cylindrcarpon panacicola*（Zinns.）Zhao et Zhu）

③拟参柱孢菌（*Cylindrcarpon mors-panacis*（Hild.））

④粗壮柱孢菌（*Cylindrcarpon robusta* Hild.）

⑤人参柱孢菌（*Cylindrcarpon panacis* Matuo et Miyazawa）

（3）传播发病　　锈腐病是土传病害，病菌在土壤中或病根上越冬，第2年传播发病。病菌在土壤中能存活较长时间，因此难于防治，也是造成老参地在短期内不能利用的原因。参龄越大，发病越多越重。一般5月下旬至6月下旬病情发展最快，7月以后大部分锈腐病疤可愈合。土壤湿度大发病重，腐殖质黑土比砂砾土壤发病重。密植参床发病重，尤其老而分枝多的参根，因密植使人参的须根互相交织在一起，增加了锈腐病菌传播邻根的机会，则发病多且重。

病菌侵入参根组织以后，初期外皮细胞不受破坏，主要在表皮细胞下面的几层细胞中繁殖生长，逐渐菌丝聚集成团，细胞壁被破坏消解，但胞间层很少受害。发展到后期细胞组织完全遭受破坏，菌丝扩展进入外皮层细胞内，菌丝继续生长和扩大，形成拟薄壁组织，终于使外皮层细胞壁破裂。拟薄壁组织的菌丝蔓延到外皮层表面形成子座，从子座上长出分生孢子梗。白容霖等报道，锈腐病菌（*C. destructans*）对参根有潜伏侵染的特性，在一至五年生外观无病斑的参根里都普遍带有潜伏的锈腐病菌，随根龄的增长，参根的带菌率和潜伏侵染点值也相应随之增高。潜伏侵染点主要分布于根系的主根上，占55.6%～76.4%，其次是细侧根、根茎和越冬芽。以三年生人参的主根感染最高。

不同年龄的参根对锈腐病的抗病力明显不同，参根年龄愈小发病愈轻，病斑也小。参根年龄大发病率高，病斑也随之增大。随着参根年龄的增长，其抗病力有下降趋势；在人参生育前期参根发病率高，生育中期有所下降，生育后期发病率又有回升。在这三个不同生育阶段里，土壤湿度差异不太明显，主要是温度。在生育中期土温超过20℃时不利于侵染发病，而前期和后期土温均在15℃左右，则有利于病菌侵染发病。此外，参根的不同生育期中参根生活力强弱不同也影响其抗病性。

（4）防治　锈腐病是土传病害，应运用农业的、化学的和生物的各种手段进行综合防治，应以农业防治与生物防治为主，从而创造有利于人参生长的生态条件，在提高人参自身的抗逆力的基础上，结合化学农药进行土壤处理，才能取得明显的防治效果。

①选健苗移栽：参苗移栽时，首先要精选芽苞健壮、饱满、无损，芦头基部无伤口，主根和侧根、须根完好无损伤的参苗移栽，保苗率可提高12.7%，防病效果为45.3%，每平方米增产鲜根21.7%。二年制比三年制移栽保苗率增加18.1%，防治效果为37.4%，鲜根增产4%。

②改秋栽为春栽：春季栽参比秋栽保苗率提高30%，防病效果为47.6%，鲜根增产25%。1983—1984年在吉林省浑江河口参场和大阳岔参场基点，春季移栽可使63.5%～74.1%的带菌参根不发病，而秋栽的参根带菌不发病的仅有7.9%～43.7%。春栽对锈腐病的防治效果为78.7%～84%，保留率为92%～97.8%。特别在土壤湿度40%左右的黏质土壤上，采用春栽控制发病效果尤为显著。春栽参根发病率比秋栽的减少69.5%，病情指数下降16.7，保苗率上升39.5%。

③增施粪肥：施用不同剂量的磷、钾、镁三料复合肥料，均有防病增产效果，其中每平方米施用42g三料复合肥的防病效果为42.4%，增产鲜根17.3%。施用磷酸二铵、钾肥、镁肥和复合肥后，均有保苗和防病增产作用。施用无机土壤添加剂1号和2号组合剂，有较好的防病效果，人参总皂苷含量比对照提高2%～18.7%。白容霖等报道，参床土壤施用有机土壤添加剂，如以豆粉作基肥防效为23%～52.9%，每平方米增产8%～34.1%；施用豆饼，其防效为21.2%～54.6%，增产2%～5.1%；施用骨粉的防效为35.9%～43.7%，增产4%～5.5%；施用鹿粪的防效为60.1%～60.8%，增产74.7%；施用猪粪的防效为51%，增产51.7%；施用贝壳的防效为55.3%。

④种栽消毒：精选无病无伤参苗，并用多抗霉素200倍液浸蘸参根，或2.5%适乐时悬浮种衣剂1000倍液蘸根，降低锈腐病发病率。

⑤土壤消毒：移栽前用15%恶霉灵可湿性粉剂0.5～1g/m$^2$、多菌灵8g/m$^2$处理土壤；或于翌年早春出土前，用15%恶霉灵可湿性粉剂300倍液与农用链霉素1000倍液混用，或15%恶霉灵可湿性粉剂300倍液与25%甲霜灵可湿性粉剂300倍液，或波尔多液100倍液喷洒床面，借雨水使药液均匀渗入土层。

⑥药剂防治：应用药剂进行土壤消毒是减少锈腐病及防治其他土传病害的有效措施。朱桂香等经室内外试验筛选出多菌灵处理土壤，每平方米用药剂7g混入15～25kg田土配制成药土，栽参时施入土壤，防病效果较好，保苗率和增产效益明显。马风茹在6月下旬至7月上旬高温季节，每平方米施用棉隆25～30g，与土壤拌匀后堆成土垄，再用薄膜将土垄封闭，密封1个月使毒气在土壤中充分熏蒸，于8月上旬撤下薄膜翻倒土垄，9月中旬栽参前再翻倒1次土垄，经过2次翻倒散发出土中毒气，然后栽参防病效果颇佳。1990年马风茹等选用棉隆和绿色木霉菌配合施用，防治效果优于单用棉隆效果，6月中旬割取蒿草及其他青草分层撒上绿色木霉菌粉压制绿肥，9月下旬将腐熟好的绿肥施入经棉隆消毒的土壤内，每平方米施入15kg绿肥，与床土充分混拌后于10月中旬栽参，防病效果和参根产量均极显著。药剂消毒减少了土壤中病菌，又添加

绿肥里的绿色木霉菌，增强了土壤微生物区系里的拮抗作用，其防效优于单用药剂消毒的效果。

白容霖等在秋季栽参时将参根浸入50%禾穗胺600倍液、25%粉锈宁500倍液中，浸根20分钟取出阴干后栽参，以禾穗胺效果较好，防效达54.9%。或用多菌灵1000倍液浸根10分钟，或均匀地喷施参根上后再栽参，亦有较好的防效。药剂浸根时且勿浸泡越冬芽。

⑦生物防治：是解决人参根部病害的一条有潜力的防治途径。邢云章等用木霉菌在不同的有机质玉米秆粉、人参残体粉和蒿秆粉为基质的培养基上，均表现出有抑菌作用，拮抗强度玉米秆粉为30%，人参残体粉为82%，以蒿秆粉的拮抗作用最强在90%以上。采用绿色木霉菌与蒿草和土壤交互分层处理，获得了显著的防治效果和增产效益。吴连举等从人参根际土壤中分离出的250多株土壤微生物中筛选出抑菌效果好的7株。经过室内生物测定，拮抗菌$Bc_{009}$和$Bc_{011}$效果最好，其中$Bc_{009}$防效达73.9%，$Bc_{011}$防效达68.5%。用拮抗菌液处理参根，24小时后接种人参锈腐病菌比立即接种的防病效果好。这说明拮抗菌充分发挥作用需要一个定殖时期。李刚等报道，EM菌对人参锈腐病有防治作用，能显著提高土壤中的有效N、P、K的含量，最终表现出提高人参的产量和品质。白容霖等在100kg床土中加入1kg哈茨木霉菌混配成菌土后栽参，对锈腐病防效为55.2%，保苗率比对照高出42.5%，每平方米比对照增产鲜根13.2%。

### 3. 根腐病

根腐病也是人参根部较严重的病害，一般三年生以上人参被害较重，发病率10%～20%，严重影响人参的产量和质量。此病由土壤传播发病，也是造成人参不能连作的主要原因之一。根腐病是农田栽参的毁灭性病害，发病率达80%。

（1）症状 一般三年生以上的人参被害较重。参苗发病时，根和地下茎呈红褐色，表现立枯症状，最后萎蔫枯死。随着参龄增长发病愈重。被害参根的芦头、主根、支根及须根均可被害。根上病斑圆形、不规则形、淡黄褐色，最后变黑褐色，病斑逐渐扩大，直径3～8mm。干燥的病斑稍凹陷，往往与柱孢菌和软腐细菌复合侵染，导致全根腐烂（图3-3）。

图3-3　人参根腐病症状

（2）病原菌　根腐病主要是由腐皮镰刀菌（*Fusarium solani*（Mart.）App. et Wollenw.）侵染引起的。

（3）传播发病　病菌以菌丝在土壤中或病根上越冬，成为第2年初侵染菌源。土壤中的线虫为害常加重根腐病的发生。除冬季根腐病停止发生外，从春到秋不停地发病，但病情发展缓慢，不会突然暴发。四年生以上人参发病多，二、三年生则甚少发病。在7～9月遇连雨天气或暴雨后，田间积水，气温升高，则病情加重并迅速蔓延。朴相根等报道，土壤中生活的一些螨类，如速生薄口螨、吸腐薄口螨、刺足根螨、罗宾根螨等，是传播根腐病的重要媒介。

（4）防治　根腐病是由土壤传播的病害，从春到秋均可发病，侵染周期长，给防治工作带来较大的困难。防治措施可参照锈腐病。

①加强田间管理：选无病地块播种或移栽。种子和参苗在播种前或移栽前先进行药剂处理。发现病株立即连土挖出销毁，病根周围土壤喷洒农药消毒。

②土壤消毒：移栽前用15%恶霉灵可湿性粉剂0.5～1g/m²加多菌灵8g/m²处理土壤；或于翌年早春出土前，用15%恶霉灵可湿性粉剂300倍液与25%甲霜灵

可湿性粉剂300倍液喷洒床面，借雨水使药液均匀渗入土层。

③病区处理：发现病株及时挖除，并对病区进行药液浇灌隔离。可采用2.5%咯菌腈悬浮种衣剂500倍液或15%恶霉灵可湿性粉剂1000倍液处理。

**4. 菌核病**

（1）症状　菌核病从早春人参出苗前后开始发病，6月以后很少发生。多侵染为害三年生以上的参根。初侵染参根的根冠处，后扩展到整个参根。该病早期很难识别，地上部几乎与健株一样，待植株表现出萎蔫症状时，则地下的参根已腐烂变软，用手捏时很容易破碎。参根表皮初生少量白色棉毛状菌丝体，后变成黑色，不规则形的鼠粪状菌核，大小为（1～5）mm×（1.5～2）mm。为害严重时，参根内部腐烂仅剩下外皮，烂根的空腔内则长有少量的黑色菌核（图3-4）。

图3-4　人参菌核病症状

（2）病原菌　人参菌核病为人参核盘菌（*Sclerotinia ginseng* Wang C. R., C. F. Chen et J. Chen）。

（3）传播发病　人参菌核病是以菌核在病根上或散落于土壤中越冬，成为第2年的初侵染菌源。当土壤化冻，土温达2℃时，在土壤中开始发病，出苗时为发病后期。5月间土壤湿度大，地温低有利于发病。6月以后甚少发病。一般在春秋两季地势低洼、排水不良、通气性差、阴坡和下坡地土壤湿度大的参床发病重。人参菌核病寄主范围窄，主要是人参，不侵染细辛。

（4）防治 ①加强田间管理，注意早春参地排水，及时扫除参床上的积雪，防止床土过度潮湿；勤松床土，增加土壤透气性，可减轻发病。②及时挖除病株，病穴用生石灰、50%菌核净可湿性粉剂、50%速克灵可湿性粉剂、70%甲基托布津可湿性粉剂消毒，每平方米用药量10～15g，消灭菌源，防止扩大蔓延。③栽参前7～10天施用50%菌核净可湿性粉剂或50%速克灵可湿性粉剂，每平方米用药量10～15g，充分与土壤拌匀后再栽参。

### 5. 立枯病

立枯病是人参苗期的重要病害，一般发病率在6.2%～22.7%，平均为14.4%左右，发生普遍，为害严重，可造成参苗成片倒伏死亡，影响人参保苗率和产量、质量。

（1）症状 发病部位在地表下幼苗茎基部，多数距地表3～5cm的干湿土交界处，茎基发病部位初呈黄褐色小斑点，后扩大呈凹陷长斑，逐渐深入茎内，使病茎缢缩变细软化，致使人参茎叶萎蔫，成片死苗。

（2）病原菌 立枯病主要是由立枯丝核菌（*Rhizoctonia solani* Kuhn）侵染引起的，有性阶段是瓜亡革菌（*Thanatephorus cucumeris*（Frank）Donk）。

（3）传播发病 病菌以菌丝体或菌核在病株残体和土壤中越冬，成为第2年的初侵染菌源。一般多发生于春季，气温低、湿度大、土壤板结或黏重、排水不良的低洼地发病严重。在吉林省5月末发生，6月初至6月中旬为发病盛期，6月末至7月初为发病末期。当参苗生长1个月后随着幼茎不断强壮和气温升高，病情逐渐减轻。发病迟早和轻重与环境条件、栽培条件密切相关，其中尤以土温和土壤含水量与发病轻重关系密切。吴寿星等报道，当参床5cm处的土温在12.2℃时，病菌开始侵染为害，在15.4～16.7℃时是立枯病发生蔓延及为害时期，当土温超过18℃时，则病害停止发生为害。土壤含水量为18.4%时开始发病，但发生数量很少，当土壤含水量为27.3%～32.2%时，则发病严重。

（4）防治 立枯病是人参苗期的重要病害，常造成参床上大面积死苗。防治措施主要采用药剂拌种、土壤药剂处理、药剂灌根和喷洒药液等药剂防治为主，辅以改善参床土壤的温湿度及其周围的环境条件，以减轻发病和控制病情扩展加重。

①药剂拌种：播种前用种子重量的0.2%～0.3%的50%多菌灵可湿性粉剂或50%代森锰锌可湿性粉剂拌种，或2.5%的适乐时悬浮种衣剂10ml兑水50ml拌2.5kg种子，进行种子包衣处理，均有一定的防治效果。

②药剂处理土壤：在播种前或栽参前，用恶霉灵、速克灵、棉隆、多菌灵等杀菌剂处理土壤，每平方米用药10g防治效果颇佳。多菌灵处理土壤成本低，安全方便，且有刺激参根生长的作用。

③药剂灌根：出苗后发现病株时，在浇灌药剂前要拔除病株，然后分别选用15%恶霉灵可湿性粉剂2000倍液、30%瑞苗清水剂1500倍液、50%速克灵可湿性粉剂1000倍液、50%多菌灵可湿性粉剂500倍液、70%敌克松1000倍液等农药，每平方米灌药液2.5～3kg，均有良好的防病及保苗效果。

④喷药防治：人参出苗至展叶期开始喷洒第1次药，展叶后期再喷第2次药。可选用20%抗枯宁水剂600～800倍液、15%恶霉灵可湿性粉剂2000倍液、50%利克菌可湿性粉剂1000倍液，喷药后要用清水冲洗叶面上残留的药液，避免产生药害。

⑤加强田间管理：勤松土，挖排水沟，使床土疏松，含水量适宜，提高床土温度，可减轻发病。

### 6. 猝倒病

（1）症状　猝倒病也是人参苗期的一种病害，发生普遍，分布较广，严重时可使参苗成片倒伏死亡。主要为害二年生以内的人参幼苗，使表土以下的茎变褐软化，地上部植株猝倒。肉眼不易与立枯病相区别。

（2）病原菌　猝倒病是由德巴利腐霉菌（*Pythium debaryanum* Hesse）侵染引起的。

（3）防治　防治方法参照立枯病。

### 7. 疫病

人参疫病是人参的重要病害，不仅为害植物的茎叶，还能侵染参根造成参根湿腐。在俄罗斯远东地区因疫病发生可损失人参2%～30%。该病广泛分布于中国、朝鲜、日本和俄罗斯等国家。

（1）症状　疫病主要为害地上部，也能侵染参根。被害植株初在嫩茎或叶柄上生褐色、水浸状、无边缘的病斑。空气湿度大时病斑迅速扩展，病斑上生少许白色霉状物，即病菌的孢囊梗及游动孢子囊。病部最后软化，叶片萎垂，病株折倒死亡。叶片感病时上生暗绿色水浸状大圆斑，迅速扩展到整个叶面，致使叶片萎蔫。参根被害时，病部黄褐色，水浸状，逐渐扩展软化腐烂，淌水溃烂，根皮很易剥离、脱皮，并散发出腥臭味，后期烂根外部生白色菌丝，并与土粒粘在一起。这类病根常混杂有细菌或镰孢菌等复合侵染，很难与细菌性软腐病或根腐病相区别（图3-5）。

图3-5　人参疫病症状

（2）病原菌　疫病是由恶疫霉菌（*Phytophthora cactorum*（Lib. et Coh.）Schroet.）侵染引起的。

（3）传播发病　病菌以卵孢子在病株残体或土壤中越冬，成为第2年初侵染菌源。一般卵孢子在土壤里能存活4年。疫病在6～8月高温高湿的多雨季节流行发病，当气温在20℃以上，土壤水势在15kPa以上时，连续降雨或参棚漏雨，参床积水，土壤黏重等，有利于发病流行。病菌侵染的最适温度为25℃左右，在6～15℃病菌侵染温度变化呈指数规律，28℃以上则侵染受到抑制。温度在15℃以上持续15小时以上时，则病情以指数速度增长，蔓延迅速。以温度25℃时侵染速度最快。温度在20～25℃，持续15小时以上时，可引起50%侵染发病。

（4）防治

①应用单透光棚：参床覆盖落叶、稻草、麦秆、蒿草等覆盖物，防止参床漏雨和淋雨，可控制人参疫病的发生流行。

②加强参床管理：使参床通风透光，排水好，以增强人参的抗病性。一旦发现病株应及时拔除，摘掉病叶或挖除病根，并在病根处撒生石灰消毒，防止侵染蔓延。

③药剂防治：在茎叶发病初期及时喷洒53%金雷多米尔水分散粒剂1000倍液，25%阿米西达悬浮剂1500倍液，72%霜脲·锰锌可湿性粉剂600～800倍液。有保护和治疗作用，防治效果显著。土壤处理的有效药剂是72%甲霜灵锰锌可湿性粉剂500倍液、80%乙磷铝可湿粉剂300倍液。

8. 灰霉病

灰霉病普遍发生于各人参产区。发病严重的参床，发病率高达40%，是人参的主要病害之一。

（1）症状　灰霉病菌侵染人参的叶、茎和芽苞，被害叶上病斑呈水浸状，绿黄色。茎上病斑褐色，随病斑扩展致使茎叶萎缩枯死。病菌从摘断的花梗处侵染引起发病，也能从叶柄基部侵染发病，致使叶片枯死，并在地面交界处的茎基部发病部位形成黑色小菌核。在人参休眠期可造成参根、芽苞和芦头腐烂，也可引起参苗猝倒病，病斑表面密生灰色的霉状物（图3-6至图3-8）。

（2）病原菌　灰霉病是由灰葡萄孢菌（*Botrytis cinerea* Pers.）侵染引起的。

病菌生长适温为18～22℃，在PDA培养基上或参根上易产生黑色菌核。人工接种经5～7天后参根上表现出典型症状，表面密生灰色霉层（即分生孢子梗

图3-6　人参茎灰霉病症状　　　　　　图3-7　人参叶灰霉病症状

图3-8　人参根灰霉病症状

和分生孢子）。

（3）传播发病　病菌以菌丝和菌核在病株残体和土中越冬，成为第2年初侵染菌源。主要侵染三年生以上人参。每年从4月下旬开始发病，6、7月为发病盛期，多雨和持续阴天有利于发病。土壤水分过多时发病重。

（4）防治　①秋季收集参床上病叶烧毁，消灭菌源。②早春深挖通道以利排水，降低土壤湿度，可减轻发病。③持续低温多雨天气，灰霉病易暴发，应重点防治。一般可选用40%嘧霉胺可湿性粉剂1500倍液，50%扑海因可湿性粉剂600倍液；25%阿米西达悬浮剂1500倍液，50%腐霉利可湿性粉剂1000倍液。每10天喷药1次，防治效果显著。

### 9. 白粉病

（1）症状　白粉病为害人参和西洋参的叶片、果梗和果实，以果实为害严重，幼嫩果实最易感病。被害果面布满白色粉状的分生孢子梗和分生孢子，致使植株不能开花结果，后枯死脱落。绿果和红果发病后，初呈乳白色褪绿斑，后表面密生白粉状菌丛，果实先僵化，后变黑枯死，不能成熟。果梗发病后，皱缩畸形，最后枯死脱落。叶片表面初生淡黄色，不规则形斑点，后密生白色菌丛，后期白粉状菌丛消失，但叶片并不脱落。嫩茎上发病，出现不规则的淡紫色病斑，上生白色粉状菌丛，病果后期表面散生或聚生黑色小粒点，是病菌的有性阶段的闭囊壳。

（2）病原菌　白粉病是由人参白粉菌（*Erysiphe panax* Bai et Wang）侵染引起的。

（3）传播发病　吉林省白粉病于6月开始发生，7～8月是发病盛期。在山坡地的采种田上，当气温在25℃左右、相对湿度为80%左右的环境条件时，有利于发病蔓延。9月随气温下降，病情停止蔓延。叶片上白粉状菌丛也逐渐消失。山坡地、干旱地的参床上发病多，采种田发病重。

（4）防治　防治白粉病的有效药剂种类很多，在发病初期及时喷洒40%代森铵水溶液800倍液，25%粉锈宁可湿性粉剂500倍液，25%多菌灵可湿性粉剂500倍液，每隔7～10天喷药1次，共喷2～3次，可获良好的防治效果。

### 10. 黑干腐病

（1）症状　黑干腐病主要为害三年生以上的参根，发病的参根中上部变黑灰色，稍微干缩，根表面生有密集的黑色小粒点，即病菌的分生孢子器。根内部肉质部分变软、干缩，使根组织形成许多空隙，其断面呈棕白色。在活组织细胞里，原生质逐渐消失，充满菌丝。

（2）病原菌　黑干腐病是由人参生茎点霉菌（*Phoma panacicola* Nakata et Takimoto）侵染引起的。

（3）防治　防治方法参照人参根腐病。

### 11. 茎腐病

（1）症状　据日本中田与泷元报道，在朝鲜和日本参场偶见有此病发生，称胴枯病。为害人参近地表处的茎部，被害部位病斑初呈淡黄褐色，继变深褐色，最后变灰色。被害茎外表皮呈稍带光泽的银灰色，干燥后剥离表皮，内部被害部位散出黑色小粒点，即分生孢子器。

（2）病原菌　茎腐病是由人参茎点霉菌（*Phoma panacola* Naka et Takimoto）侵染引起的。

此病发生轻微，我国尚未见有发生报道。

### 12. 炭疽病

炭疽病发生于人参叶片上，一般为害不重，凡种人参的地区均有发生。此病最早发现于日本，后相继在中国、朝鲜、俄罗斯远东地区均有发生的报道。在日本和朝鲜常造成50%的损失。在俄罗斯远东地区的人参幼苗上发病率达100%。

（1）症状　炭疽病主要为害人参叶、茎和果实。为害叶片时初生小的圆形、暗绿色病斑，后病斑逐渐扩大为圆形、近圆形或不规则形，病斑直径2～20mm不等，中央黄白色，边缘黄褐色，有时病斑中央淡褐色，边缘红褐色。干燥时病斑质脆，易破裂穿孔，多雨情况下则易腐烂。叶片常连同叶柄从茎上脱落，仅留下茎和带有果实的花梗。茎上病斑长椭圆形，褐色。果实上生暗褐色斑点，果皮变干不能成熟，后期病斑上产生肉眼不易看清的分生孢子盘。

（2）病原菌　炭疽病是由人参生刺盘孢菌（*Colletotrichum panacicola* Uyeda et Takimoto）侵染引起的。

（3）传播发病　病菌以分生孢子和菌丝体在病叶组织内越冬，成为第2年初侵染菌源。开始在分生孢子盘中产生新的分生孢子或越冬的分生孢子，借风雨传播到人参叶上侵染发病，形成新的病斑。再由新的病斑上产生分生孢子盘和分生孢子，重复侵染传播其他人参叶上，继续扩大蔓延加重病情。在室内分生孢子可存活7个月左右。菌丝在日光下经5小时后死亡。每年6月中下旬开始发病，8月上旬发病达到高峰。在多雨、气温偏低的年份有利于病害发生流行，常造成灾害。阳光直接照射参叶的边行有促进病害发展的趋势。

（4）防治　①选用无病种子，播种前进行种子药剂消毒处理。方法参照人参黑斑病。②加强田间管理，搞好参棚维护，防止强光照射，严防参棚漏雨，炎热夏天要插花挂帘调节光照强度。③展叶后每隔7～10天喷洒1次40%代森铵水溶液800倍液，或喷120～160倍波尔多液，控制病情扩展。④发现病叶及时摘除。秋季收集枯枝病叶，及时烧毁或深埋，搞好秋季田间卫生，减少越冬菌源。

### 13. 枯萎病

枯萎病是四至六年生人参生长后期常发生的重要病害。邓放首次报道在吉林省的人参上发生枯萎病。此病可造成参秆倒伏和茎叶枯萎，使参根当年干物质积累降低4%～6%，参根品质变劣。一般发病率在10%～30%，在俄罗斯远东地区、朝鲜均有发生报道。

（1）症状　主要为害四至五年生的人参茎及茎基部，被害部位形成梭形大斑，病斑初呈黄褐色，渐变褐色至黑褐色，边缘明显，中心部位略凹陷，大小为（20～30）mm×（10～15）mm。严重时病斑汇合，导致全株枯死。被害参株的叶片先变黄后枯萎脱落。茎基部患病部位常与立枯丝核菌（*Rhizoctonia solani*）发生交叉感染，形成环状病斑，后期茎基部腐烂缢缩，全株倒伏。常在短时间内（约1周）使整个参地的人参死光，是一种毁灭性病害。

（2）病原菌　枯萎病的病原菌是镰孢菌（*Fusarium* sp.）。病菌以菌丝体在人参枯死茎上越冬，成为第2年初侵染菌源。

（3）防治　邓放等于1986—1987年在吉林省靖字县二参场进行田间药剂防治，以75%百菌清、45%复方百菌清、50%利克菌防治枯萎病效果明显，防治效果分别为86.6%、78.8%和70.8%。

### 14. 斑点病

戚佩坤等报道，在吉林省的集安、通化、蛟河等地人参上发生此病，一般

8月发生，为次要病害。

（1）病状　叶上病斑圆形或不规则形，黄褐色至褐色，直径3～10mm，有细的红褐色边缘，病斑中央生有黑色小点，即病菌的分生孢子器。

（2）病原菌　斑点病是由楤木叶点霉菌（*Phyllosticta araliae* Sacc. et Berl. = *P. panax* Nakata et Takimoto）侵染引起的。

### 15. 斑枯病

1966年戚佩坤等首次报道，斑枯病是人参上的一种次要病害。

（1）症状　为害叶片。病斑近圆形或多角形，黄褐色，中央色淡，受叶脉限制，上生黑色小点，即分生孢子器。

（2）病原菌　斑枯病是由楤木壳针孢菌（*Septoria araliae* Ell. et Ev.）侵染引起的。

### 16. 褐斑病

褐斑病是戚佩坤等在吉林省左家的人参上发现的新病害，并定名为人参生尾孢菌。多发生于8、9月，零星发生，为害轻微。

（1）症状　发生于人参叶片上的病斑近圆形，直径0.5～4mm，中央灰白色，边缘褐色。在病斑两面生有黑色霉层，即病菌的分生孢子梗和分生孢子。

（2）病原菌　褐斑病是由人参生尾孢菌（*Cercospora panacicola* Chi et Pai）侵染引起的。

### 17. 细菌性软腐病

近年来人参细菌性软腐病发生于各地人参产区，在吉林省各参场平均发病率为2%～5%，严重时可达10%。尤其当软腐细菌与真菌复合侵染造成参根湿腐性腐烂，严重影响参根的产量和品质，甚至绝产。国外日本和朝鲜都有发生。

（1）症状　主要为害人参根部，参根受害后地上部叶缘变黄，稍向上卷曲，然后叶片上出现棕黄色或红色斑点，严重时全叶紫红色萎蔫。地下病根的各部位均可出现褐色软腐病斑，边缘清晰，用手挤压病部有饴色糊状物溢出，带有浓厚的刺激性臭味，严重时整个参根溃烂，仅剩下参根表皮。参根上的软腐细菌常与锈腐病菌、镰孢菌、丝核菌和灰霉菌等复合侵染，造成参根湿腐性腐烂。

（2）病原菌　根据袁美丽等报道，引起人参细菌性软腐病的病原细菌有3种。

①软腐欧氏杆菌软腐病亚种（*Erwinia carotovora* subsp. *carotovora*（Jones）Bergey et al.）。

②软腐欧氏杆菌黑胫病亚种（*Erwinia carotovora* subsp. *atroseptica*（Van Hall）Dye）。

③石竹假单孢杆菌（*Pseudomonas caryophylli*（Burkholder）Starr et Burkholder）。

（3）传播发病　人参细菌性软腐病对人参为害程度仅次于锈腐病。在山区或半山区腐殖质黑土或土壤湿度大等条件下，发生较多较重。早春出苗前后即可开始发生，夏季高温高湿时发展最快，常使全根烂掉，造成全株死亡。有时主根完全烂掉，仅靠根茎上的不定根维持地上部的植株生长。

休眠期引起参根细菌性软腐病主要是*P. caryophylli*可能因贮藏后期人参本身的抗性降低，致病力较强的*E. carotovora*数量相对下降，以致*P. caryophylli*这种致病力较弱的细菌种群相对上升。秋季田间发生腐烂的参根中有两种软腐细菌，*E. carotovora* pv. *carotovora*，*E. carotovora* pv. *atroseptica*，但后者占优势，分离出现频率为80%，因该菌适应温度较低，在夏季群体数量则很低。

（4）防治　注意参床排水，降低地下水位，防治地下害虫，减少根部伤口和其他机械伤口，实行轮作等项措施，可减轻发病。

### 18. 红皮病

人参红皮病又称水锈病。发病时参根局部或全部变红褐色，是人参上较常见的一种生理性病害。1961年吉林省靖宇二参场的人参突然发生参苗黄萎干缩枯死现象，参根红褐色，严重地块发病率达96%，平均为42%。在吉林省抚松三参场也相继大量发生，病株率一般是40%～50%，严重时为80%～100%，影响参根产量和质量，患病参根要降低2～3个等级，使该参场每年因红皮病造成很大的经济损失。

（1）症状　病根表皮出现锈红色病斑，不规则形，大小不等，重者遍及全根，参根表皮粗糙纵裂，变厚变硬，刮去表皮内部组织正常，其色泽症状颇似水稻锈根病。严重的病根须根枯死。轻病根在土壤条件改善后可逐渐恢复。病根地上部茎叶生育正常。

（2）病因　红皮病是因土壤里铁、铝、锰含量高，毒害参根造成的生理病害。

（3）发病条件　据高金芳等报道，红皮病多发生于白浆土上，因土壤表层经常处于周期性滞水状态，因渍水使大气氧向土壤里扩散受阻，土壤呈厌氧状态，使氧化还原电位（Eh值）降低，促进$Fe^{3+}+e \rightarrow Fe^{2+}$，$Mn^{3+}+e \rightarrow Mn^{2+}$的转化，提高其活性，则亚表土（AW层）中的铁、锰溶解成为可溶性物质，溶解沉积于土壤里。土壤渍水时氧化还原条件加强，溶液中铁浓度增加，随着根系吸收水分，水溶态$Fe^{2+}$向根皮面浓集沉淀，并氧化成$Fe^{3+}$沉积在参根表面，毒害根皮形成红斑。当然铁、锰的氧化还原溶解沉淀，尤其在有机质及其他元素的参与过程中是复杂的，但主导因素是周期性渍水造成氧化还原条件波动的结果。地势低洼，土壤水分过高，排水不良，长期滞水，土壤板结，通气性差，整地较晚质量差，土壤未充分熟化的土地均有利于发病。

（4）防治

①及早整地：当年栽参用地应在早春刨起或耕翻起大垄，经较长时间的风吹日晒和夏季高温使土壤充分熟化，既能降低土壤中的含水量，又能改善土壤的理化性状，增强透气性，使二价铁离子氧化成三价铁离子，减少二价铁离子的含量，同时也能改变病原微生物生存条件，消灭病原。

②使用隔年土：在栽参前一年特别是低洼易涝地加强排水，土壤要多次耕翻，使土壤充分熟化。

③黑土掺黄土改良土壤结构：将床土深翻使底层活黄土翻上来，或在黑腐殖土中掺入1/4～1/3的活黄土，改良土壤理化性质，可减轻红皮病发生。

④控制土壤水分：低洼易涝地可做高床，挖好排水沟，雨季做好清沟排水工作，防止参棚漏雨。勤松土防止床土板结，创造疏松、透气性好的土壤条件，可避免红皮病发生。

### 19. 冻害

人参冻害在东北各地每年都有发生，一直是影响人参生产发展的主要障碍。此外，吉林省的抚松、靖宇、长春、延边、左家及黑龙江省的铁力、通县、东宁、密山、鸡东、林口等地，均发生过严重冻害。

（1）症状　受害轻的参根越冬芽和根茎变色枯死，受害重的芽苞、芦头发生烂芽腐烂，芽苞未萌动就腐烂，萌动后抽出的茎叶尚未出土就已腐烂。有的主根似水烫状脱水软化腐烂，一捏一股水，有时主根完好大部分须根尖端腐烂。

（2）病因　人参是多年生宿根植物，参根每年在土壤中过冬，东北冬季气温可达-30℃，土壤冻层可达1m，参根在土壤中呈冻结状态，第2年春季土温逐渐回升时，参根也逐渐解冻，一旦遇上天气骤变易引起参根冻害。造成人参冻害的原因很多，主要有以下几点。

①土壤水分与冻害关系：早春参床土壤水分过多，参床下面土壤尚未化通，使床内的土壤水分渗不下去停留在栽参层内，参根吸水后降低了自身的抗寒能力，这时如果夜间土温降到0℃以下时水结冻，人参就会出现冻害。农田栽参的栽参土层含水量为28%的地块，人参无冻害发生。含水量为30%时受害率为16.7%，当含水量达到66.4%时，则参株全部受冻致死。张连学等认为，因人参于秋季大量吸水，影响了抗寒物质的形成，使参根内自由水含量过高，导致人参冻害。结冻时参根附近的水分结冰产生强大的膨压力，使人参的一些组织受到机械损伤造成结构破坏，尤其芽苞的幼嫩部位，更易受损伤遭受冻害。

②温度与冻害的关系：初冬结冻后，天气突然变暖气温升高，土壤解冻随

着下雨或化雪使土壤水分增多；随后气温又迅速下降到0℃以下，土壤又冻结使人参遭受冻–化–冻的"缓阳冻"的剧烈变化。早春人参层土壤融冻时，芽苞也进入萌动期。这时期人参如遇到高–低–高的温度剧烈波动，芽苞容易受到冻害。据刘景云等试验，冬季参床土温–25℃是人参冻害的临界点，达到–29℃时将全部冻死，采取有效的防寒措施提高床温，是减轻冻害的重要措施。

③参苗大小与冻害的关系：于德荣调查，参苗大对冻害抵抗力强，参苗小抵抗力弱。如一等参苗受冻损失率为45.8%，三等参苗为68.8%，而五等参苗几乎全部死亡。

④土质与冻害的关系：不同土质对人参冻害有直接关系。砂质土颗粒粗，床土疏松，孔隙度大，受阳光照射昼夜温差悬殊，有骤冷骤热的特性，因此在砂质土里生长的参根易受冻害；而黑土地的土质较紧实，对气温变化有缓冲作用，参根受冻害较轻。

⑤不同地势和参床位置与冻害的关系：据于德荣调查，北头高南边低的参床，高的地方参根受害轻，低的地方受害重。因南头地势低洼湿度大、高处冷空气向低处流动，故冻害严重。床头和床边处及迎风口处，冻害也较重。

⑥土壤干旱与冻害的关系：张国程调查，参床土壤内含水量不能过低。旱土栽参既易引起烧苗，又易遭受冻害。土壤过于干旱易使土质疏松，孔隙度大，参床土层温度变化极大易受冻害，故参农讲"栽参不能栽到旱土里"。

（3）预防

①晚秋或早春出现乍暖乍冻的缓阳冻的天气，是引起人参冻害的关键。因此，加强防寒措施，控制晚秋和早春参床土层的温度和湿度，可防止冻害发生。

②早春注意排涝，及时清除晚秋和早春参床上的积雪，防止雪水渗入参床土层内，尤其雪水大的年份，更应注意排除"桃花水"防止进入参床。土壤水分大的参床要早松土、深松土、晚上棚，以减少土壤水分，防止缓阳冻害发生。

③实行床面覆盖，可明显控制参床土温的剧烈变动。盖草防寒比覆土防寒能明显提高土温。防寒土要厚达10cm。在土壤温湿度不正常的早春或晚秋，尤应注意及时地做好床面覆盖，预防冻害发生。

④应因地制宜实行秋栽改为春栽。秋栽时尽量晚栽，栽完就接近封冻为宜。在冻害常发区，栽参土不宜用含砂量大的土壤。参床位置尽量避开低洼地带和风口处。

**20．人参病害综合防治**

人参病害的防治策略：一是提高人参的抗病性；二是控制环境条件，使其不利于病原菌生长，而有利于人参生长；三是抑制或消灭各种病原。因此只有采取综合防治技术措施，才能有效地控制病害的发生。

（1）选地与整地　选柞树、椴树或混交林地，含有机质丰富的腐殖土做参床，在栽参的前一年进行多次耕翻晾晒，清除残根杂物，使有机质充分腐熟，土壤疏松，排水良好。选地势高平无低洼积水地做参床。

（2）土壤消毒　在土地休闲整地期间，于播种前或移栽前，可采用物理的、化学的和生物的方法处理土壤，减少和杀灭土壤中的病原物。土壤消毒是预防土传病害的主要途径。在播种移栽前，每平方米用多菌灵25g或15%恶霉灵可湿性粉剂$0.5\sim1g/m^2$＋多菌灵$8g/m^2$处理土壤。

人参出苗前都要进行床面消毒。用15%恶霉灵可湿性粉剂300倍液与25%甲霜灵可湿性粉剂300倍液喷洒床面，使表土湿润到干、湿土交接处，包括作业道等都要进行全面消毒。

（3）种子和种苗消毒　人参种子催芽前或播种前，应进行药剂消毒。播种前每千克种子用70%福·甲霜可湿性粉剂（春播）30g拌种，亦可用25%多菌灵可湿性粉剂500倍液或80%代森锰锌可湿性粉剂600倍液浸种、浸苗（芦头以下部位）10～15分钟，晾干表皮水分即可；还可用2.5%的适乐时悬浮种衣剂10ml兑水50ml兑2.5kg种子进行种子包衣处理。

（4）移栽　必须选用无病参苗移栽，因此，起参苗时要注意防止伤根，运参苗时间不宜过长。要严格选用无病健壮参苗，剔除病苗。移栽前要进行药液浸根，消灭参根表面病菌。

（5）施肥　多施有机肥，少施或不施化肥。施肥以基肥为主，追肥为辅。基肥要早施，使之粪土融合。追肥要适时，注意肥水同行。有机肥如腐熟的落叶、绿肥、饼肥及草木灰等。有机肥必须充分腐熟，最好施用隔年粪，未经充分腐熟的粪肥坚决不施，以防止烧须或烂根。更不要随意往根侧或根外追施无机化肥，包括磷肥在内。若追施不当，易发生肥害。

（6）遮阴　参床采用单透光棚要防止漏雨，双透棚要用落叶覆盖床面。应合理采光，帘子空隙不能超过1cm，入伏后多雨高温时，要注意防雨调光。参棚、帘子破碎不平或下移，要及时维修和调整，并做到适时扶苗、挂面帘或插花，防止人参黑斑病和疫病发生。

（7）除草　要及时铲除参床上、作业道和参田四周的杂草，使参床通风透光好，参株生长苗壮，消灭病菌来源，提高参株的抗病能力，减少病害传播发病。

（8）防旱和防涝　遇天气高温干旱时，要及时灌水，实行渗灌和开沟灌，开沟灌时待水渗下去后要适时覆土。适时灌溉可避免或减轻参根烧须。

雨季到来前要做好排水准备，及时挖好作业道的排水沟。叠好参田坡上或四周的拦水坝，避免参床过水或作业道积水，可防止或减轻根病的发生。

（9）搞好田间卫生　从春季开始随时注意检查参床，一旦出现发病的中心病株，应立即拔除销毁，在其周围喷洒农药，防止病害蔓延。当人参植株上出现病叶、病种子、病茎及病株时，应随时拔除深埋或烧毁。

秋季人参枝叶枯萎时，在上防寒土之前，要彻底清除参床上的枯枝病叶，集中深埋或烧毁，不得随处乱丢乱放，以减少第2年的侵染来源。

（10）药剂防治　目前防治人参黑斑病、灰霉病、斑点病等，可喷洒1.5%多抗霉素可湿性粉剂150倍液，50%扑海因可湿性粉剂600倍液；70%代森锰锌可湿性粉剂800～1000倍液；10%世高水分散粒剂2000倍液；25%阿米西达悬浮剂1500倍液；40%嘧霉胺可湿性粉剂1500倍液。

防治由卵菌侵染引起的疫病或猝倒病，可喷洒53%金雷多米尔水分散粒剂1000倍液，25%阿米西达悬浮剂1500倍液，72%霜脲·锰锌可湿性粉剂600～800倍液。

防治由子囊菌侵染引起的白粉病，可喷洒25%阿米西达悬浮剂1500倍液，25%粉锈宁可湿性粉剂500倍液，40%福星乳油2000倍液，70%甲基托布津可湿性粉剂800倍液。

防治由立枯丝核菌侵染引起的立枯病，可在出苗后发现病株时，及时拔除病株，然后浇灌20%抗枯宁水剂600～800倍液、15%恶霉灵可湿性粉剂2000倍液、50%利克菌可湿性粉剂1000倍液，每平方米浇灌药液2.5～3kg。

防治因缺锌引起的缺锌花叶病，可在展叶后立即喷洒0.2%～0.5%硫酸锌液。

喷药时间一般在5月中下旬，人参出苗70%～80%时，开始喷第1次药，以后每隔7～10天喷药1次。喷药时要喷洒均匀，叶正面和反面都要喷到。上述各种农药最好轮换交替使用，可防止病菌产生抗药性。喷药后遇雨，雨停后应及时补喷。

在防病用药时，应特别慎重，不能随意用药，更不能随便加大浓度。一定要掌握不同药剂的施用方法和条件，严防发生药害。如波尔多液在人参出苗初期，天气高温干旱时不宜喷施；在农药混配喷施时，一定要严格按照农药混配表要求进行，严禁随意混配喷洒，否则发生药害后患无穷。总之，药剂防治时，要做到适时早施，认真细施，合理勤施，科学轮换和混配，雨后补喷，这样才能真正达到施药防病的目的。

（11）防冻　秋季要适时上好防寒土，特别是秋季新栽参床，防寒土要均匀，贴严畦帮。风口处要架设防风障，避免发生冻害。在高纬度和高海拔地区栽参，最好将秋栽改为春栽，春栽可防止冻害，有利于提高出苗率。做好防寒工作，防止人参根部遭受冻害，可明显地减轻翌年春季根病发生为害。

（12）做好床面消毒　早春要适时撤掉防寒土，提高地温，促进出苗，同时对床面、作业道、参棚立柱喷洒1%硫酸铜液，进行全面彻底消毒，减少侵染菌源。

（五）人参虫害

人参在栽培过程中不论是地上部分还是地下部分，都会遭到许多害虫的为害，不仅影响了产量，也降低了品质，使人参的经济价值下降，所以人参虫害已成为发展人参生产的一大障碍。人参害虫大体可分为地上部分害虫和地下部分害虫两大类。

为害地上部分的害虫主要取食叶片、茎、种子等，如草地螟、土蝗、卷叶虫、蟓类、螨类、蚜虫等，虫害虽然不是年年发生，但有的年份却损失很大。如1982年草地螟在牡丹江、合江等地大发生，不仅啃食叶片还可将叶柄、茎咬断。严重时地上部分很快被吃光，损失很大。为害地下部分的主要害虫有金针虫、蝼蛄、蛴螬、地老虎等，它们不仅给参根造成伤口、隧道，降低人参的品质，且可因伤口引起病害发生，造成参根腐烂，严重影响产量。

目前，我国已发现为害人参的害虫共有87种，分别隶属于2个纲（昆虫纲、蛛形纲）10个目（直翅目、鞘翅目、鳞翅目、半翅目、同翅目、膜翅目、缨翅目、双翅目、蚤目、蜱螨目）29个科。在上述87种害虫中，有些害虫并不是年年发生。有些则虽有发生，为害却不重，多数年份无需防治。而有些害虫不仅年年发生，且为害十分严重，必须加以防治。

**1. 金针虫**

金针虫又叫铁丝虫、钢丝虫、姜虫子、金齿耙、黄蚰蜒、银针虫等。金针虫属鞘翅目叩甲科，为害人参的金针虫种类较多，有7个属，15个种。

（1）为害　金针虫主要为害人参地下部分的根茎，一般从参根到地表10cm这个层次，绝大多数在5~8cm处为害。一、二年生参苗被害时，幼茎仅剩纤维和表皮部分，被食成丝状，造成幼苗倒伏或将地上部分的茎叶拉至地表，上部茎叶逐渐萎蔫死亡。二年生以上人参由于植株高大，参根较粗壮，对金针虫的

耐害性较强。为害时，多数金针虫蛀入人参茎中取食，轻者造成缺刻，重者成丝状；茎受害轻者，植株茎叶逐渐失绿发黄，早期脱叶，重者参茎折断，茎叶萎蔫死亡。极少部分金针虫蛀食人参的主根，造成虫伤。人参被害后，停止生长，品质变劣，产量下降；重者细菌从伤口侵染，致使参根全部腐烂。

（2）形态特征　以为害人参的两个主要种宽背金针虫（*Selatosomus latus* (F.)）和细胸金针虫（*Agriotes fuscicollis* Miwa）为例。

成虫宽背金针虫体粗宽厚，雌虫体长10.5～13.1mm，雄虫长9.2～12mm。头上有粗大点刻，颜面并不很向内陷入，触角短，端部可达前胸背板基部。从第4节起略呈锯齿状，第3节比第2节长2倍，与第4节等长或稍长，5～10节短。端部之宽相当于长度，前胸背板横宽，侧缘具有翻卷的边饰，向前呈圆形变狭，有密而大的点刻，后角向后延伸，有明显的脊状突起。前胸颌长大。腿节粗壮，后跗节明显短于胫节，其爪节相当于前2节长之和。小盾片横宽，后一半呈圆形。鞘翅宽，适度凸出，端部有宽的卷边，鞘翅上纵沟窄，有小点刻。沟间突出，有大而密的点刻和紧贴的灰色细毛。全体黑色，前胸和鞘翅有时带青铜色或蓝色，触角暗褐色，足棕褐色。细胸金针虫体长8～9mm，宽约2.5mm，暗褐色密被灰色短毛，并有光泽。触角红褐色，第2节球形。前胸背板略呈圆形，长大于宽。鞘翅长约为胸部的2倍，上有9条纵列刻点。足赤褐色。

（3）生活史与习性　金针虫类的生活史很长，常需3～5年才能完成1代，以各龄幼虫和成虫越冬。整个生活史中以幼虫期最长。金针虫比较喜欢相对的低温而不耐高温。春季一般情况下，土深10cm、地温达到9℃时，成虫、幼虫就开始活动，比其他地下害虫发生早，这是为害人参的主要时期。成虫白天躲在田旁杂草和土块下，夜晚出来活动交配、取食，没有趋光性。卵产于3～9cm深土中，经过35～40天孵化出幼虫。夏季当土温达22℃时，幼虫潜入土中越夏；秋季土温7～8℃时，幼虫又回到13cm以上土层活动。

据李钧等报道，宽背金针虫在3月末4月初，土深10cm、地温在2℃左右时即开始活动，但直至5月中旬始见为害，6月上旬至7月中旬是为害人参的高峰期，直到8月末仍能见其为害。宽背金针虫的生存能力较强，在食物不足、无活体植物可食的情况下，越冬后的幼虫长达7个月的时间，仍可见大龄幼虫存活。该种在黑龙江省需4~5年完成1代。细胸金针虫末龄幼虫在东北北部7~9月间在7~10cm深土中化蛹，经10~20天羽化为成虫而越冬。该种的成虫昼伏夜出，生活方式隐蔽，对腐烂植物的气味有趋性。6~7月为产卵期，卵期15~18天，孵化出的幼虫即可为害人参。土壤湿度大，黏重时适合幼虫活动。在东北地区约需3年完成1代。

（4）防治方法

①秋翻地：移栽和播种用参地，应在前一年秋季进行翻耕，可以使虫卵、蛹、幼虫翻到土表，经冬季低温将其冻死。

②松土除草：在害虫产卵期增加松土除草次数，将卵、蛹暴露在土壤表面，使卵、蛹得不到孵化和羽化条件而死亡。

③清理田园：将参园和地边的杂草、枯枝落叶清除烧毁，减少害虫寄生。

④人工捕捉：在翻地、碎土、做畦、松土等作业活动中，发现害虫及时捕捉消灭。

⑤粪肥发酵：人参施用的粪肥必须充分发酵，以杀死虫卵。不能施用有虫卵、未腐熟的粪肥。

⑥土壤处理：在整地做床或出苗前搂床面或松土时喷0.1%~0.5%敌百虫溶液，或者用2.5%敌百虫粉10~15g，与30~50倍细土拌匀，做成毒土，撒在1m$^2$的土表上，然后掺入土中。亦可用3%甲基异硫磷颗粒剂，每平方米有效剂量2~4g。于播种时把药剂均匀地施在苗床上，将药剂混入参床土中深约10cm左右，再播种，此法防治效果达100%。亦可在人参出苗后浇灌敌百虫700~1000倍液，或50%辛硫磷乳油500~900倍液，或敌敌畏600倍液。

⑦毒饵诱杀：用切碎的鲜草30份加敌百虫1份拌匀，或者用40%结晶敌百虫1kg，加水5~10kg拌鲜草100kg配成毒饵，傍晚撒在床面上。也可用1kg敌百虫，拌炒香的麦麸或豆饼20kg，加适量水配成毒饵，在傍晚撒于床面上。也可

在早春参苗出土前，把土豆、地瓜埋在床边等处，几日后取出土豆及附近的害虫，一并杀死。

⑧糖浆诱杀：将糖浆盘于傍晚放在参床附近，或直接将糖浆倒在地上，也可在地面挖一小穴，将糖浆倒在里面，上覆枯枝杂草，次日清晨即可捕获大量成虫。

⑨栽前灭虫：利用伐林地和荒地栽参，金针虫较多，宜在人参栽播前，即在刨土整地时期就应注意采取措施灭虫，以免后患。

**2. 蛴螬**

蛴螬是鞘翅目金龟甲科幼虫的总称，别名白土蚕、老鸹虫、大头虫、老母虫、核桃虫、蜇虫等。其成虫通称金龟甲或金龟子，别名瞎撞、黑盖子虫、金巴牛、绒马褂等。据资料记载为害人参的蛴螬有20余种，其中较为主要的种类有东北大黑鳃金龟（*Holotrichia diomphalia* Bates）、暗黑鳃金龟（*Holotrichia parallela* Molschulsky）、灰胸突鳃金龟（*Hoplosternus incanus* Motschusky）、铜绿丽金龟（*Anomala corpulenta* Motschulsky）、小青花金龟（*Oxycetonia jucunda* (Faldermann)）及白星花金龟（*Potosia brevitarsis* Lewis）。

（1）为害　蛴螬为杂食性害虫。幼虫为害人参根部，把参根咬成缺刻和孔网状，也可为害接近地面的嫩茎。严重时，参苗枯萎死亡。有些种类除幼虫为害外，成虫也会蛀食人参叶片，咬成缺刻状，影响人参的光合作用和植株的正常生长。

（2）形态特征　成虫　东北大黑鳃金龟甲体长16～21mm，长椭圆形，黑褐色或黑色，具有光泽，前胸背板比鞘翅的光泽更强。唇基横长，近似半圆形，前缘和侧缘边上卷，前缘的中部凹陷。触角10节，鳃叶锤状部由3节组成。前胸背板宽度不到长度的2倍，前缘和侧缘均有饰边，前缘两侧向前呈弧弯，后缘中部向后延伸。小盾片近于半圆形。鞘翅长度为前胸背板宽度的2倍，最宽处在中间部分，每侧鞘翅上各有4条明显的纵肋。前足胫节外齿3个，内方有距1根，后足胫节末端有端距2根。臀板外露。雄性臀板较短，顶端中间凹陷，呈股沟形，前臂节腹板中间具明显的三角形凹坑。雌性臀板较长，中央也有股沟状凹陷，但不明显，前臂节腹板中间无三角形凹坑。

（3）生活史与习性 金龟甲的生活史一般均较长，但不同种类在不同地区完成一个世代所需时间不尽一致，有的1年可发生1代，有的数年才完成1代。幼虫在土壤中生活，在整个生活史中历期最长。常以幼虫或成虫在土中越冬。多数金龟甲是昼伏夜出，尤以晚8～11时活动最盛，占整个夜间活动总虫量的90%以上。

如幼虫越冬量大，第二年春季为害重；如成虫越冬量大，则第二春季为害轻。但到秋季时当年幼虫已可发育至2龄，秋季为害也重。成虫盛发期在晋南和晋西为5月中下旬；在辽宁为5月底至6月初；在黑龙江为6月中下旬。成虫白天潜伏土中，傍晚出土活动、取食、交配，黎明又回到土中。有较强的趋光性，但不同种及雌雄间差异很大，对黑光灯的趋性强。成虫有伪死性。一般在交配后4～5天产卵，尤喜在有机质较多的土壤里产卵。产卵深度在5～10cm处。常4～5粒或10余粒连在一起，故幼虫发生初期常见小团集聚。幼虫具假死性，上下垂直活动力较大。

（4）防治方法 蛴螬的防治方法与金针虫的大致相同。另外还可采用以下几种方法。

①播种或移栽前用1.5%对硫磷粉剂进行土壤处理，也可用50%辛硫磷乳油或25%对硫磷胶囊缓释剂100g加水500g混入过筛的细土20kg，拌均匀，每平方米用70～80g毒土混入土壤中。

②利用毒饵。即苏子和谷秕子1.5～2kg煮半熟，晾半干，拌敌百虫或敌敌畏0.2kg做成毒饵，随参籽播下。

③诱杀。在参地附近设置黑光灯、马灯或电灯诱杀成虫。

3. 蝼蛄

蝼蛄又叫地拉蛄、拉拉蛄、土狗、水狗、蝲蛄、拉蛄。蝼蛄属直翅目蝼蛄科，为害人参的有华北蝼蛄（*Gryllotapa unispina* Saussre）和东方蝼蛄

（*Gryllotalpa orientalis* Burmeister），其中以东方蝼蛄为主。

（1）为害　蝼蛄以成虫和若虫在土中咬食刚播下的种子，特别是刚发芽的种子，也咬食人参的嫩茎、主根和根茎，将根部咬成乱麻状，使植株萎凋而死。在表土层穿行时，形成很多隧道，使幼苗和土壤分离，失水干枯而死。

（2）形态特征　成虫东方蝼蛄体较细瘦短小，体长30～35mm，前胸阔6～8mm，体色较深呈灰褐色。腹部颜色较其他部位浅些。全身密布同样的细毛。头圆锥形，触角丝状。前胸背板从背面看呈卵圆形，中央具一个凹陷明显的暗红色长心脏形坑斑，长4～5mm。前翅鳞片状，灰褐色，长12mm左右，能覆盖腹部的1/2。前足演化为开掘足，前足腿节内侧外缘缺刻不明显。后足腿节背面内侧有棘3～4个。腹部末端近纺锤形。

（3）生活史与习性　东方蝼蛄在华北、西北、东北需2年完成1个世代。华北蝼蛄在山西完成1个世代，需3年左右，其中卵期17天左右，若虫期730天左右，成虫期1年以上。东方蝼蛄在黑龙江越冬成虫活动盛期在6月上中旬。越冬若虫的羽化盛期在8月中下旬。蝼蛄属不完全变态类，成虫和若虫都可以在土壤中越冬。蝼蛄均为昼伏夜出，晚9～11时为活动取食高峰。其主要习性概括为下列几点。

①群集性：初孵化的若虫有群集性，怕光，怕风，怕水。东方蝼蛄孵化后3～6天群集一起，以后分散为害；华北蝼蛄孵化后群集的时间比东方蝼蛄还长些。

②趋光性：具强烈的趋光性，在40W交流黑光灯下，可诱到大量东方蝼蛄，而且雌性多于雄性。故可用灯光诱杀。华北蝼蛄，因身体笨重，飞翔力弱而诱量小，但在气温16.2℃以上，10cm地温13.5℃以上，相对湿度在43%以上，风力在3级以下的环境条件下，均可诱到华北蝼蛄。

③趋化性：蝼蛄对香甜等物质特别嗜好，对煮至半熟的谷子、稗子或炒香的豆饼、麦麸等很喜好。因此可制毒饵来进行诱杀。

④趋粪性：蝼蛄对马粪等未腐烂的有机质，也具有趋性。所以在堆积马

粪、粪坑及有机质丰富的地方蝼蛄就多,可用鲜马粪进行诱杀。

⑤喜湿性:俗话说"蝼蛄跑湿不跑干",蝼蛄喜欢在潮湿的土中生活。东方蝼蛄比华北蝼蛄更喜湿,所以它总是栖息在沿河两岸、渠道两旁、低洼地、水浇地等处。而在盐碱低湿地,则是华北蝼蛄的栖息场所。

⑥产卵习性:东方蝼蛄多在沿河、沟渠附近产卵。产卵前雌虫在5～20cm深处做窝。窝中仅有1个长椭圆形卵室,窝口用杂草堵塞,既能隐蔽,又能通气,且便于若虫破草而出。产卵量平均为30粒左右,雌虫产完卵后就离开卵窝。华北蝼蛄对产卵地点有严格的选择性。多在轻盐碱地内、无植被覆盖的高燥向阳、地埂畦堰附近或路边、渠边和松软油渍状土壤里。卵窝处土壤的pH值约为7.5,土壤湿度(土深10～15cm处)为18%左右,产卵是在土洞内预先挖好的卵室内进行的。

(4)防治方法 蝼蛄的防治方法与金针虫、蛴螬的防治方法大致相同。

①陷阱诱杀:在人参床各处埋上坛子,将堆肥、粪肥和等量湿土、鱼粉等混合放在坛子里。夜间蝼蛄便会掉进坛子里,次日清晨将其取出来杀死。

②毒饵:早春发现蝼蛄为害时,用40%～50%的乐果乳剂0.5kg兑5kg水拌50kg炒至糊香的饵料(麦麸、豆饼、玉米碎粒等),每隔3～4m刨1个碗大的坑,内放一大捏儿毒饵后再用土覆上,每隔2m左右刨1趟。每公顷用毒饵22.5～37.5kg效果很好。

③夏季挖窝毁卵:在蝼蛄盛发地块,当蝼蛄产卵盛期,用锄头刮去表土,边锄边看,发现产卵洞口,往下挖10～18cm,即可挖到卵,再往下挖8cm左右,还可把雌蝼蛄挖出消灭。

4. 地老虎

地老虎又叫地蚕、地根虫、截虫、土蚕,属鳞翅目夜蛾科。为害人参的地老虎有小地老虎(*Agrotis ypsilon* Rottemberg)、黄地老虎(*Agrotis segetum* Schiffermuller)、大地老虎(*Agrotis tokionis* Butler)。

(1)为害 地老虎以幼虫为害参根、参茎秆顶端的复叶柄汇集处,咬断接

近地表的人参嫩茎及根部，取食参茎髓部，有时也为害小叶柄和复叶柄。严重时茎叶萎蔫或伤口感病而茎叶枯死。幼虫3龄后分散为害。1只幼虫一夜可危害3～5株，多达10株，造成严重缺苗断条。

（2）形态特征　以为害人参的主要种小地老虎（*Agrotis ypsilon* Rottemberg）为例。

成虫体长16～23mm，翅展42～54mm，触角雌蛾丝状。雄蛾双栉齿状，分枝渐短仅达触角之半，其余则为丝状。前翅暗褐色，前翅前缘颜色较深，亚基线、内横线与外横线均为暗色，双线夹一白线所成的波状线，前端部分白线特别明显；楔状纹轮廓黑色；肾状纹与环状纹暗褐色，有黑色轮廓线；肾状纹外有一尖三角形的黑色纵线；亚缘线白色，锯齿状，其内侧有2个黑色尖三角形与前1个三角形纹尖端相对，是其最显著特征。后翅背面白色，前缘附近黄褐色。

（3）生活史与习性　据调查，小地老虎在南岭以南地区可终年繁殖为害，南岭以北，在北纬33°以南地区，有少量幼虫和蛹在当地越冬；在北纬33°以北地区，尚未查到越冬虫源。

小地老虎成虫白天潜伏于土缝中、杂草间、屋檐下或其他隐蔽处。夜出活动，取食、交尾、产卵以晚上7～10时最盛。在春季傍晚气温达8℃时，即开始活动。温度越高，活动的数量与范围亦愈大。成虫具有强烈的趋化性，喜吸食糖蜜等带有酸甜味的汁液，作为补充营养，故可用糖、醋、酒混合诱杀。第一代成虫并有群集于女贞及扁柏上栖息或取食树上蚜露的习性，易于捕捉。对普通灯光趋性不强，但对黑光灯趋性强。

成虫羽化后经3～4天交尾。在交尾后第2天产卵，卵产在土块上及地面缝隙内占60%～70%；产在土面的枯草茎或须根、草秆上占20%；产在杂草和作物幼苗叶片反面占5%～10%。一般以土壤肥沃而湿润的田里为多。卵散产或数粒产在一起。每一雌蛾，通常能产卵1000粒左右，多的在2000粒以上，少的仅数十粒，分数次产完。成虫产卵前期4～6天，在成虫高峰出现后4～6天，田间相应地出现2～3次产卵高峰，产卵历期为2～10天，以5～6天为最普遍。

幼虫共6龄,1龄、2龄幼虫常栖息在表土或植株的叶背和心叶里,昼夜活动,并不入土。常在杂草或苕子、紫云英的嫩叶上昼夜取食。3龄以后,白天潜入土下1.5~2cm处,夜出活动为害,以晚上9时、12时及清晨活动最盛。在阴暗多云的白天,也可出土为害。到4龄以后,常咬断整株,连茎带叶,拖入穴中。4~6龄幼虫占幼虫期总食量的97%以上,每头幼虫一夜可咬棉苗3~5株,最多可达10株,造成"断条"。幼虫有假死性,一遇惊动,就缩成环形。

(4)防治方法 根据各地发生为害时期因地制宜进行防治。一般应以第一代为重点,采取农业防治和药剂防治相结合的防治措施。具体防治办法可参考前面几类地下害虫的防治。另外,还可采用下列方法。

①诱杀成虫:可利用糖、醋、酒诱蛾液加硫酸烟碱或用苦楝子发酵液,用杨树枝、泡桐叶来诱杀成虫。

②捕捉幼虫:对高龄幼虫,可在每天早晨到田间,扒开新被害植株的周围或畦边阳面表土,捕捉幼虫杀死。

③毒饵:用90%敌百虫1kg,加水5~10kg,喷拌铡碎的鲜草60~70kg于傍晚撒在参根附近,隔一定距离撒一小堆。

### 5. 草地螟

草地螟(*Loxostage sticticalis* Linnaeus),又叫黄绿条虫。属鳞翅目,螟蛾科。

(1)为害 草地螟为害人参,主要以4龄以上幼虫为主。人参被害后,轻则叶片被咬成孔洞或缺刻,严重时叶柄被咬断,叶片脱落。幼虫有时还取食叶柄及参茎交接处的软组织和茎的表皮。

(2)形态特征 成虫暗灰色,有光泽。头的后部为黑色。体长8~12mm。翅展为12~26mm。前翅为深灰色,外缘有淡黄色点连成一串,有银灰色光泽,翅中央有一淡黄色斑;后翅灰色,外缘有两条平行波状纹,静止时呈三角形。

(3)生活史和习性 草地螟在东北各省一年发生2代。成虫善于飞翔。5月下旬开始出现第一代成虫,成虫羽化后即可交尾产卵,卵产于猪毛菜、刺蓼及

藜上，6月上旬卵开始孵化。初龄幼虫主要为害藜及杂草和大豆等大田作物。在叶背面结网集结，取食叶肉，剩下网状叶脉。4龄以后才转移到附近参地。有时幼虫迁移时形成虫带。幼虫爬行迅速，每分钟可爬行1～1.5m。幼虫经4次蜕皮5个龄期后，于7月上旬老龄幼虫在疏松土壤中结茧化蛹，7月中旬羽化产生第二代成虫，产卵，第二代幼虫8月进行为害。8月末9月初，幼虫入土化蛹越冬。为害人参主要以第一代4龄以上幼虫为主。

（4）防治方法　草地螟为害人参主要以4龄以上幼虫为主，从邻近的杂草地迁移而来，此时幼虫体大，抵抗药的能力强，由于参地面积小，尽量避免在参园内使用化学农药。

①挖沟防虫，即在人参地的四周挖20～30cm深、20cm宽的倒漏斗形沟。沟内撒2.5%敌百虫粉或除虫精粉。要随时注意不让活虫过沟。

②草地螟幼虫一旦进入参地，要及时封锁受害区，人工消除或喷洒2.5%敌杀死乳油2500～3000倍液或喷洒80%敌敌畏乳油800～1000倍液。

③及时清除参园内和附近的杂草，以免成虫产卵于其上，经常保持参园清洁。结合移栽、松土作业，除掉土中草地螟蛹。

### 6. 黏虫

黏虫（*Mythimna separata* Walker），别名剃枝虫、行军虫等。属鳞翅目，夜蛾科。

（1）为害　黏虫幼虫食性很杂，尤其喜食禾本科植物，大发生时也为害人参。黏虫取食人参叶片，造成孔洞、缺刻或吃光全部叶片。

（2）形态特征　成虫体色呈淡黄色或淡灰褐色，体长17～20mm，翅展35～45mm。前翅中央近前缘有两个淡黄色圆斑，外侧圆斑较大。其下方有1个小白点，白点两侧各有1个小黑点。由翅尖向斜后方有1条暗色条纹。雄蛾稍小，体色较深，其尾端经压挤后，可伸出1对鳃盖形的抱握器。抱握器顶端具1个长刺。这一特征是区别其他近似种的可靠特征。雌蛾腹部有1个尖形的产卵器。

（3）生活史和习性　黏虫发育无滞育现象，条件适合时终年可以繁殖。在东北人参产区1年发生2代，黏虫在这些地区不能越冬，是由外地迁飞而来。5月下旬至6月上中旬，成虫由西南向北迁至东北，成为当地2代大发生的虫源。

成虫昼伏夜出，傍晚开始活动、交配、产卵，直到黎明才寻找阴暗处如草垛、灌木林、茅棚、畜舍、树洞等处隐藏。在夜间一般有两次明显的活动高峰。成虫羽化后，必须补充营养，在适宜温湿度条件下，才能正常发育产卵。对花蜜有趋性，对糖醋液趋性尤其强烈。黑光灯可诱到大量成虫。

成虫繁殖力极强，在适宜条件下，每头雌蛾能产1000～2000粒卵，最多可达3000粒。一般产于禾本科植物的叶尖、叶缝及叶鞘里。每一块卵20～40粒，多的200～300粒。

幼虫孵化后，一般栖息在隐蔽部位取食。大暴发时，3、4龄以后到处爬行。食物不足时，可食人参叶片及茎部。幼虫老熟后，停止取食，排尽粪便，钻入作物根部附近的疏松土里，在1～2cm处做一土茧，在其内化蛹。

（4）防治方法　大暴发年份，用2.5%敌百虫粉撒于参地四周形成环带。喷90%晶体敌百虫800～1000倍液或80%敌敌畏乳油1000～1500倍液进行防治。

### 7. 白小食心虫

白小食心虫（*Spilonota albicana* Matsumura）又名苹果白蛀蛾，简称白小。属鳞翅目，小卷叶蛾科。

（1）为害　白小食心虫是果树上的主要害虫，特别是山地丘陵地区的山楂和山里红的果实害虫。偶尔也钻蛀人参植株，由茎顶蛀入，造成整株人参死亡。幼虫老熟后，仍在被害处化蛹，羽化后蛹壳常存留在粪便上。

（2）形态特征　成虫体长约6.5mm，翅展15mm，体和翅灰白色。复眼黑色，触角丝状，淡黄褐色。前翅前缘具有8组不甚明显的白色短斜纹，翅顶至偏后缘的外方为暗褐色，暗褐色区域内有4～5条排列整齐的暗紫色短横纹，翅面中部有灰色近"弓"字形横纹2条，后缘近臀角处有一较大暗紫色斑纹，缘毛褐色。后翅灰褐色。

（3）生活史和习性　白小食心虫在辽宁、吉林1年发生2代，以老熟幼虫在地面做茧越冬。幼虫做茧时，吐丝缀连叶片边缘折叠成饺子状，常混杂在地被物内。第2年5月上旬开始化蛹，5月中旬为化蛹盛期，蛹期15～22天。5月下旬至6月上旬越冬代成虫羽化，羽化期相当集中。第一代卵发生在6月上旬至7月上旬。卵多产于叶背面，少数产于叶正面。幼虫孵化后，爬至人参茎洼处，吐丝缀连蛀入茎内为害。被害茎叶干枯死亡。幼虫期45左右。7月上旬至8月中旬老熟幼虫在茎内化蛹。蛹期10天左右。7月中下旬至8月下旬第一代成虫出现，第二代卵多产于人参茎叶交接处，孵化幼虫可直接蛀入茎内为害。8月下旬至10月上旬幼虫老熟后，陆续做茧越冬。

（4）防治方法　秋季彻底清扫参园，清除杂草及落叶，集中烧毁或深埋，消灭越冬幼虫。春季翻土时，将表土翻倒底层10cm以下，可以闷死羽化的成虫。越冬代成虫羽化相当集中，因此第一代卵发生期也集中，可喷50%杀螟松乳油1000倍液，90%敌百虫晶体800～1000倍液。

### 8. 土蝗

土蝗是指蝗科中除飞蝗以外的其他蝗虫。土蝗种类多，食性杂。

（1）为害　在山区和坡地被害的作物以杂谷、薯类及豆类为主，有时也为害人参。成虫及蛹咬食人参叶片和茎。

（2）形态特征

①宽翅曲背蝗（*Paracyptera microptera meridionalis* Zkonn）体中等，体长雄23.8～28mm，雌35～39mm；前翅雄18～21mm，雌17～20.5mm。通常褐色或黄褐色，前胸背板的背面具淡色"×"形纹，中隆线较低，侧隆线中部在沟前区颇向内弯曲。前翅黄褐色，前缘脉域具淡色纵条纹，后翅本色。雄性后足股节外侧具3个暗色斜纹，底侧鲜红色，后足胫节鲜红色。

②亚洲小车蝗（*Dedaleus asiaticus* B-Bienko）体形中等，体长雄21～24.7mm，雌31～37mm；前翅雄20～24.5mm，雌28.5～34.5mm。通常绿色或灰暗色，前胸背板中部明显缩狭，背面有不完整的"×"形淡色斑纹，后纹

不宽于前者。前翅超过后足股节顶端，后翅宽大，在中部具暗色横带纹，基部黄色或黄绿色。

③笨蝗（*Haplotropis brunnereana* Sauss）体长雄28～37mm，雌34.5～49.5mm；前翅雄6～7.5mm，雌5.5～8mm。体粗大，暗褐色，前胸背板的中隆线呈片状隆起，侧观呈弧形，粗密颗粒甚多，前后缘呈角状突出。前翅鳞片状，后翅很小，略短于前翅。后足胫节上侧青蓝色，底侧黄褐色。腹部具不规则的黑色小点。

（3）生活史和习性　山区坡地土蝗一般1年只发生1代，如宽翅曲背蝗在黑龙江每年1代，以卵在土中越冬。5月中旬即开始出现蝻，5月下旬开始大量发生，6月中上旬多为3龄或4龄；6月下旬至7月上旬即羽化为成虫并交尾产卵。

笨蝗5月上旬开始孵化，6月中旬进入羽化盛期，7月上旬开始产卵。亚洲小车蝗5月中下旬开始孵化，6月下旬大部为2～3龄幼蝻，7月上旬开始羽化，7月中下旬为羽化盛期，7月下旬开始交尾，8月中旬为交尾盛期并产卵。

山区坡地土蝗多在荒山、坡地或石岗等干燥环境中生活和产卵，一般孵化后即为害附近杂草及人参，随龄期增长和环境条件的变化而逐渐向附近农田及参园内迁移扩散为害，在干旱年份尤为明显，大发生年份，荒山杂草被吃光后，人参也免不了受害。

（4）防治方法　向参床内喷2.5%敌百虫粉，或向参园内喷20%马拉松乳油1000倍液。也可用当地土蝗喜食的鲜草为诱饵诱杀土蝗。

### 9. 桃粉蚜

桃粉蚜（*Hyalopterus arudinis* Fahricius）又称桃大尾蚜、桃红大尾蚜、桃粉吹蚜。属同翅目，蚜科。

（1）为害　成蚜和若蚜主要为害桃、李、杏，时而为害人参，在人参叶背刺吸汁液。造成卷叶，叶上常黏有蚜虫，分泌的"蜜露"易引发煤污病，影响叶片光合作用。

（2）形态特征　成虫体长1.5mm左右。有翅蚜头、胸部黑色，腹部黄绿或橙绿色，体上被有白蜡粉。第3节触角上有32～40个感觉圈，排列不整齐，第4节5～8个。腹管短小，尾片较无翅蚜小。额瘤不显著。无翅蚜体长2.25mm，体长椭圆形，淡绿色，体上被有白粉。额瘤不明显，腹管短小，尾片圆锥形，长大，有3对长毛。

（3）生活史和习性　桃粉蚜在东北1年发生10余代。冬季以卵在桃、李、杏等果树枝条的芽腋和树皮的裂缝处越冬，常数粒或数十粒集在一起。次年树木萌动时开始孵化，以无翅胎生蚜不断进行繁殖。产生有翅蚜后，迁往禾本科植物芦苇上寄生，至晚秋又产生有翅蚜迁返桃、李、杏等果树上，产卵越冬。

（4）防治方法　视虫情而定，在发生初期，一般喷洒40%乐果乳油2000倍液、50%马拉松乳油1000倍液。最好在喷药时使用增效剂，以增加药剂的湿润性及防治效果。注意保护天敌，无蚜或蚜虫很少的人参植株可暂时不喷药，采取挑治的方法进行防治。

### 10. 斑须蝽

斑须蝽（*Dolycoris baccarum* Linnaeus）又叫细毛蝽，臭大姐。属半翅目，蝽科。

（1）为害　成虫和若虫刺吸嫩叶，叶被害后，出现黄褐色斑点，严重时叶片蜷曲，乃至造成人参落叶，影响生长，减产减收。

（2）形态特征　成虫体长8～13.5mm，宽约6mm，椭圆形，黄褐色或紫色，密被白绒毛和黑色小刻点，触角黑白相间，喙细长，紧贴于头部腹面。小盾片末端钝而光滑，黄白色。

（3）生活史和习性　在辽宁省1年发生2代，在吉林省1年发生1代。成虫在田间杂草、枯枝落叶、植物根际、树皮下、屋檐下越冬。4月初开始活动，4月中旬交尾产卵，4月底5月初幼虫孵化。第一代成虫6月初羽化，6月中旬产卵盛期；第二代于6月中下旬至7月上旬幼虫孵化，8月中旬开始羽化为成虫，10月上中旬陆续越冬。卵多产于作物上部叶片正面，多行整齐纵列。初孵若虫群居为害，2龄后扩散为害。

（4）防治方法　秋季清理参园，可消灭部分越冬成虫；春夏季节发生时，可人工摘除卵块；也可喷洒2.5%溴氰菊酯乳油3000倍液。

### 11. 朱砂叶螨

朱砂叶螨（*Tetranychus cinnabarinus* Boisduval）又叫棉红蜘蛛、棉叶螨。属蜱螨目，叶螨科。

（1）为害　朱砂叶螨是世界性害螨，为害植物种类甚多。在叶背吸食营养液，轻则红叶或呈黄色斑点，重则在叶背吐丝结网，叶枯脱落，甚至整株死亡。

（2）形态特征

①雌螨：体长483μm，包括喙553μm，体宽322μm。体形椭圆，锈红色或深红色。须肢端感器长约2倍于宽；背感器梭形，与端感器近于等长。口针鞘前端钝圆，中央不凹陷。气门沟末端呈典型的"U"形弯曲。后半体背表皮纹构成菱形。肤纹突呈三角形至半圆形。背毛正常。

各足爪间突裂开为3对针状毛。足Ⅰ跗节和胫节的毛数经常有变异。一般足Ⅰ跗节双毛近基侧有4根触毛和1根感毛，但也有4根触毛和3根感毛或4根触毛和2根感毛；胫节一般具9根触毛和1根感毛，有时则有9根触毛和3根感毛。足Ⅱ跗节双毛近基侧具3根触毛和1根感毛，另一触毛在双毛近旁；胫节有7根触毛。足Ⅲ跗节有9根触毛和1根感毛；胫节有6根触毛。足Ⅳ跗节有10根触毛和1根感毛；胫节有7根触毛。

②雄螨：体长（包括喙）359μm，宽195μm。须肢端感器长约3倍于宽；背感器稍短于端感器。

足Ⅰ跗节爪间突呈一对粗爪状，其背面具粗壮的背距。足Ⅰ跗节双毛近基侧有4根触毛和3根感毛；胫节有9根触毛和4根感毛。足Ⅱ跗节双毛近基侧有3根触毛和1根感毛，另1根触毛在双毛近旁；胫节有7根触毛。足Ⅲ、Ⅳ跗节和胫节的毛数同雌螨。

（3）生活史和习性　每年发生若干代（由北至南逐增），以雌螨在杂草、

枯枝落叶及土缝中越冬。10℃以上开始繁殖，先是点片发生，而后逐渐扩散。成螨交配后，第2天即可产卵，每雌产卵50～110粒，多产于叶背。在气温变化范围内，温度越高，繁殖越快，为害越重。朱砂叶螨亦可孤雌生殖，后代多为雄性。湿度高和大雨对其繁殖不利，有抑制作用。

（4）防治方法　铲除参床内杂草及清除残枝落叶，可消灭部分虫源和早春寄主。天气干旱时，注意灌溉，增加参床湿度，不利于朱砂叶螨的繁殖。

可喷洒1.8%农克螨（有效成分是爱比菌素Abamectin）乳油2000倍液，效果极好，持效期长，并且无药害。此外，可喷20%螨克乳油2000倍液及20%灭扫利乳油2000倍液。

### 12. 灰巴蜗牛

灰巴蜗牛（*Bradybaena ravida* Benson）属腹足纲，柄眼目，巴蜗牛科。

（1）为害　灰巴蜗牛为多食性动物，不时也为害人参，幼贝食叶肉，留下表皮。稍大后用齿舌刮食叶、茎，造成孔洞或缺刻，严重者将叶咬断，特别在人参幼苗时为害重。

（2）形态特征　①成贝：头部发达，在身体前端。头上具有2对触角，眼在触角的顶端。口位于头部腹面，并具有触唇。足在身体腹部下面，适于爬行。体外具有一螺壳，呈扁圆球形，壳高19mm，壳宽21mm，有6层螺层。壳质较硬，黄褐色或红褐色。螺旋部低矮，体螺层较宽大，周缘中部有一条褐色带。壳口椭圆形，脐孔缝状。②幼贝：体较小，形态与成贝相似。③卵：扁球形，直径2mm，乳白色有光泽，逐渐变成淡黄色，近孵化时变成土黄色。

（3）生活史和习性　灰巴蜗牛1年繁殖1代，以成贝和幼贝越冬，越冬场所多在潮湿阴暗处，一般如作物根部、草堆石块下或土缝里。越冬蜗牛于第2年3月初逐渐开始取食，4～5月成贝交配产卵。灰巴蜗牛是雌雄同体，异体受精的，亦可自体受精繁殖，任何一个体均能产卵。每一成贝可产卵30～235粒，卵多产于潮湿疏松的土里或枯叶下。蜗牛一生多次产卵，从3～10月均能查到卵，但以4～5月和9月卵量较大。每次产卵50～60粒，堆集成堆。卵期14～31天，若土壤过分干燥，卵不孵化；若将卵翻到地面，接触空气易爆裂。灰巴蜗牛遇干旱季节或不良环境条件，便隐藏起来，常常分泌黏液或蜡状膜将口封住，暂时不吃不动。干旱季节过后，又恢复活动，继续为害。参园一般处于林区，气候潮湿、阴暗，有利于蜗牛活动。

（4）防治方法　清洁参园，铲除床边、步道、附近坡上的杂草，并撒上生石灰粉，将除掉的草及时沤肥，减少蜗牛的孳生地。秋季翻园时，可以使一部分卵暴露于表土上，风干或爆裂，同时还可使一部分越冬成贝或幼贝翻到地面上冻死或被天敌啄食。雨后晴天除草、松土也可减少其密度。

由于参园集约化经营，人工可随时摘除成贝和幼贝。

### 13. 野蛞蝓

野蛞蝓（*Agriolima agrestis* Linnaeus）别名无壳蜒蚰螺。属于腹足纲，柄眼目，蛞蝓科。

（1）为害　野蛞蝓食性杂，为害多种作物。人参叶片被刮食，并被排留的粪便污染，造成参叶腐烂。

（2）形态特征　①成体：体长20～25mm，爬行时体长30～36mm，身体柔软而无外壳，暗灰色、灰红色或黄白色。头部前端具两对触角，暗灰色。下边一对短，约1mm，称前触角，感觉作用；上边一对长，约4mm，称后触角。眼在后触角顶端，黑色。头前方有口，在口腔内有一角质齿舌。体背前端具有外套膜，为体长的1/3，其边缘卷起，内有一退化的贝壳（称盾板），外套膜有保护头部和内脏的作用。在外套膜后方右侧有呼吸孔，以细小的带环绕。生殖孔在触角后方约2mm处。尾脊钝，腺体能分泌无色黏液。②卵：椭圆形，韧而富有弹性，直径2～2.5mm。白色透明可见卵核，近孵化时色变深。③幼体：初孵幼虫体长2～2.5mm，体为淡褐色，体形同成体。

（3）生活史和习性　野蛞蝓以成体或幼体在作物根部湿土下越冬。成体、幼体于6～8月在田间大量活动为害。成体7～8月在田间大量产卵，卵多产于深3cm左右的土隙中。野蛞蝓完成1个世代约250天。卵历期17～20天，从孵化至

成体性成熟约55天，成体产卵期长达160天。

野蛞蝓亦为雌雄同体，异体受精，亦可同体受精繁殖。卵产于湿度大、有隐蔽性的土块缝隙内，每隔1～2天产1次，1～32粒，每处产卵数粒至十余粒，平均产卵量为400余粒。

野蛞蝓怕光，在强烈日光下经2～3个小时即被晒死。因此，日出后都隐蔽起来，而夜间出来活动为害，常爬出取食嫩叶或嫩茎。野蛞蝓耐饥力很强，在食物缺乏或不良环境条件下，能不吃不动。参园的环境非常适合野蛞蝓生长发育。

（4）防治方法　见蜗牛防治方法。

### 14. 人参虫害的综合防治技术

人参的害虫发生种类虽然很多，但并不是每一种害虫每年都需防治，这就需在查明害虫种类、分布的基础上，有针对性地开展综合防治。由于人参的虫害、病害往往同时发生，因此人参害虫的综合防治技术要尽量与病害的综合防治技术相结合，形成一个整体，才能收到事半功倍的效果。

众所周知，不论是虫害也好，病害也好，其发生与环境条件、虫源或病原等都有着密切的关系。因此，制定综合防治措施应做到坚持利用或创造有利于人参生长而不利于虫害发生的环境条件，控制或减少虫源密度，采取相应的药剂防治，才能收到较好的效果。采取单项的技术措施，虽然也会收到一定的防治效果，但往往会出现顾此失彼的被动局面。所以必须重视综合防治技术的运用，尤其对农业技术更不容忽视。在化学防治上，必须坚持经济、高效、安全、低残留。残留问题更应引起高度的重视，否则虽然产量不受损失，但人参的品质将会受到污染，其经济上的损失，往往要高于产量上的损失。

根据我国人参生产水平及虫害现状，提出如下人参害虫的综合防治要点，供参农及参场参考。

（1）查清影响本地人参生产的主要害虫种类、发生特点，有针对性地开展防治工作。

（2）加强人参的虫情监测工作　人参害虫的测报工作十分必要，应设置测报人参害虫的专门组织及人员。由于人参有许多害虫也是农业害虫，因此可以参照当地植保部门的虫情测报，再结合人参的主要为害种群，对当地各个时期、各种害虫发生的可能性及轻重程度，做出较为准确的预报，及时指导防治。而对一些经常发生的害虫，如地下害虫类的金针虫、蛴螬等应做好实地测查，即在春季人参出苗时期，要经常检查参床是否有虫害发生。如发现有死苗的地方，应扒开床土检查，及时组织指导防治。

（3）参地的选择　不同类型的参地，地下害虫种类、为害程度都有不同。如新林土栽参蛴螬发生轻；农家肥（尤其鹿粪、马粪等）施用多的参地，蛴螬、蝼蛄就严重；在针叶林开垦的参地宽背金针虫最多，混交林次之，阔叶林最少。因此，在条件允许的情况下，参地的选择要严格。

（4）土壤处理　对地下害虫，尤其是金针虫等严重的地块，用农药处理土壤是一项必不可少的技术措施。一般对休闲地可采用2.5%敌百虫粉，每平方米用10～15g进行土壤处理，杀灭害虫，对生产田则可在参苗出土前将甲基异硫磷等制成颗粒剂或乳油兑水喷洒于表土，然后结合松土，将药剂混入土中，效果很好。也可用辛硫磷等农药配成500～1000倍液进行土壤浇灌。但在药剂的选择上严禁用有机氯等不易降解的化学农药，以免给人参造成污染。

（5）清洁田间防除杂草　参畦、作业道和参田四周的杂草要及时除掉，参畦的枯枝落叶也要及时清除。这些杂草及枯枝落叶往往是一些害虫的产卵场所及为害寄主。这些害虫也可以转移到人参上为害人参，尤其一些地上部的害虫更为明显。

（6）施肥　人参在施用农家肥时，一定要充分腐熟，尤其是鹿粪、马粪、饼肥等有机肥，不腐熟坚决不施。最好是隔年粪肥，否则不仅可能造成烂须、烂根，还可能引起蛴螬等地下害虫的大发生。为稳妥起见，对农家肥可进行必要的药剂处理，以防止地下害虫的发生。

（7）毒土、毒饵和毒谷　毒土是将药剂与细土搅拌均匀，撒施于参畦等地，借以杀死害虫。而毒饵、毒谷是利用一些害虫对饵料有一定的趋性这一特点，将农药拌于各种饵料中，开沟撒施或撒于参畦，对蝼蛄、蛴螬、地老虎等地下害虫，均有很好的诱杀效果。

（8）灯光诱杀　灯光诱杀对许多害虫都有很强的诱杀作用，尤其是高压汞灯及黑光灯等，对蝼蛄、蛾类等都有很强的诱杀作用。在有条件的地区可以采用这一办法，但是灯光诱杀也有敌友不分之弊端，许多有益的天敌昆虫也同样被诱杀，所以各地可根据当地的具体情况决定是否采用。

（9）人工捕捉　人工捕捉在管理非常精细的人参栽培中有一定的积极作用。发现参苗死亡后，将死苗附近的土扒开，就有可能捉到地老虎、蛴螬等害虫。在害虫发生量不是很大的情况下用药剂防治往往投入太大，反不如人工捕捉更经济实惠。

（10）参畦四周害虫防治　人参害虫很少有专性寄生的，尤其地上部分害虫如黏虫、草地螟、土蝗等，大部分为杂食性昆虫。这些害虫往往先发生于参畦四周的其他寄主（如杂草等）上。这些寄主被吃光后，害虫就要迁入参畦为害，尤其土蝗更为明显，所以要对参畦四周的害虫及时加以防治，以免扩散到参畦为害。

（11）使用农药　农药是防治人参害虫的重要手段之一，但如何能把农药用好，发挥农药的最大效应，而避免产生一些不必要的损失，则是很重要的问题。

①要严格选择那些对人参没有污染的农药，以保证人参的质量。

②农药在使用中一定要按要求（即浓度、用量、用法）严格掌握。对新农药在使用前一定要按说明书的要求，先做药害试验，应在当地技术部门指导下使用，以免产生药害。

③药剂混用可以做到施一次药既可达到兼治几种病虫的作用，又可以防止害虫抗性的产生，但并不是任何两种农药都可以混用，必须在技术部门指导下有目的地混配。要做到随用随配，用多少配多少，不能混配的一律不得混配。

否则不仅达不到预期目的，反而会产生药害。

④不能长期使用一种药剂，避免产生抗性，最好是几种农药交替使用。

⑤每更换一种农药时都要清洗喷雾器，以免产生不良的反应，引起药害。

⑥为了提高药效，施药时要随时注意天气变化，如躲过高温时间，遇雨后适当增加打药次数等。

⑦使用农药时要注意人身安全。喷药时要戴口罩、手套、风镜，不要吃食物或吸烟，用药后用肥皂洗净手、脸。发现中毒现象及时抢救，严重者应送医院救治。

### （六）人参鼠害

鼠类对人参的为害是十分严重的。鼠类不仅啃食地上部分的人参茎叶，更啃食地下部分。不仅影响人参的品质，同时伤口处容易引起其他病原菌等寄生而造成腐烂减产。

有些鼠类还可在参畦营造隧道破坏参畦，影响人参生产。影响鼠害发生轻重的环境因素很多，比如温度、水分、光照、土壤、地形、植被、动物及人类的活动等。春夏之际温度适宜，是多种鼠类繁殖和活动的盛期，有些鼠类在夏季炎热的中午，很少出洞活动；冬季则多在中午出来活动，风雪严寒时可整日不出洞。水分对鼠类非常重要，鼠类可以通过饮食和皮肤吸收等获得水分。同时，通过排泄和皮肤及呼吸道的蒸发而丧失水分。当鼠体内含水量低到一定限度时，鼠就会衰竭而死。鼠类水分的主要来源是自然降水。降雨不仅可以给其直接提供水源，而且可以影响植物生长的繁茂、鲜嫩，所以鲜嫩多汁的人参往往是它们取食及获得水分的最佳选择。光照的影响主要表现在昼夜的变化及季节的变化上。昼行鼠如黄鼠、花鼠等多在天亮后活动，天黑停止活动；而夜行鼠如鼢鼠类，则白天很少活动，多在黑天出洞取食为害。

此外，土壤、地形地貌对鼠类的分布、密度等影响很大，如分布在我国北方的草原黄鼠，大都栖息在地势较平坦、植被低矮的砂质土壤地带，它们的巢穴多在荒地、地畔、坟地、道路两旁等。其分布特点是黏土地少、砂土地多；

水地多、旱地少；平地多、坡地少；荒地多、耕地少；地边多，地中少；林地多，荒山少。鼢鼠不能离土壤而生活，它们一定分布在土壤比较松软，土壤内通风良好，而不过分潮湿的地方生活。森林是一个很复杂的生态环境，植树造林可以对一些鼠害有抑制作用。而我国现在种植人参多是在山坡上毁林栽参，所以在一定程度上助长了鼠类发生，参地四周又往往有小灌木丛，也为某些鼠类提供了栖息条件。综上所述，只有了解鼠类的发生特点及有利和不利的发生条件之后，才能更有利地开展对鼠类的防治工作。

对鼠类的防治是一个非常复杂的问题，因为鼠类不仅可以在居民区为害，又可在野外田间为害。而对居民区及野外的鼠类的防治，其具体办法各有不同。居民区内主要是采取建筑防鼠、食品防鼠和清除鼠类栖息条件等；而在野外，则主要是结合生产活动，如开垦荒地、兴修水利、植树造林、对农田精耕细作等进行防治。总的来说，都是采取各种措施破坏它们基本生存条件，虽然不能直接杀死鼠类，却可使其数量逐渐下降，维持在更低的水平上。但是居民区及野外防鼠的措施，有些又是共同可用的，如化学药物灭鼠、器械灭鼠等。

不论采取哪种灭鼠措施，灭鼠工作必须是长期的，必须是用药物灭鼠的同时与用改变环境等手段来破坏其基本生活条件相结合，才会使鼠害逐年减轻。近些年来，国内曾在不少地区开展大面积灭鼠，但由于不采取经常性的改造环境条件等措施而鼠害又迅速回升的例子比比皆是。所以对鼠害的防治，必须坚持"预防为主，综合防治"和"加强领导，动员群众，措施得力，持之以恒"的方针，同时，应因地制宜采取相应的技术措施，才能收到良好的防治效果。

1. 花鼠

花鼠（*Eutamias sibiricus* Laxmann）属于啮齿目，松鼠科。别名滑俐棒、五道眉。

（1）形态特征　花鼠是一种体型小的树栖和地栖松鼠。体长130～150mm。尾长近似体长，尾毛略呈蓬松，尾端不尖。前足掌裸，具掌垫2个，指垫3个；后足足庶被毛，无足庶垫，足庶毛达趾垫基部，趾垫4个。前足拇指无爪，尚

留不明显的痕迹。爪呈黑灰色。耳壳明显，耳端不具丛毛。雌鼠有乳头4对，有颊囊。

背毛呈浅黄或橘红色，有5条黑褐色纵纹，故有"五道眉"之称，是与其他松鼠区别的显著特征。纵纹自眉背部延伸至臀部。身侧毛为橙黄色，背和身侧毛基为黑灰色，毛端随各纵纹而异。腹毛污白色，毛基灰色。尾基部背面近似身色，而远端大部毛根黑灰。尾毛三色，毛基为褐色，中间为黑色，毛尖为白色，使尾四周呈稀疏白色毛边。尾腹面中央为橙黄色，四周亦为黑白色边。耳廓毛黑褐色，耳边缘为白色。

头颅狭长，脑颅不突出。颧弓中颧骨向内侧倾斜未呈水平状。上颌骨的颧突呈横平。上、下门齿前表面有不甚明显的细纵脊。臼齿的咀嚼面近乎圆形，第四前上臼齿和臼齿的中柱和前柱不明显。

（2）生活习性　生境较广泛，平原、丘陵、山地的针叶林、阔叶林、针阔混交林以及灌木丛较密的地区都有。在林区，多在倒木或树根基部筑洞，也常利用深沟塄壁裂缝、梯田堤埂或石缝中做洞。洞道结构简单，洞深1m左右，仓库与巢混为一体，巢的下部有存粮，上部用毛草做巢。有贮粮习性，在洞穴附近有贮粮坑，每坑贮粮20～30g。

巢分为球状和碗状两种，巢的结构大体分内外两层。外层接触土壤部分的巢材较糙，多用芦苇、蒿草、白草和酸枣叶、榆树叶等组成，不坚实，易坏；内层以柔软的草、茅草、双狼草及鸟羽、羊毛等铺垫。碗状巢高12～14cm，巢深7～9cm，内径8～10cm，外径11～14cm；球形巢高15cm，巢深8～9cm，内径9～10cm，外径12～15cm。两种巢重均在123～247g。

花鼠食性杂，对豆类、麦类、谷类及瓜果和人参地下部分等都食害。春季侵入农田挖食播种的作物种子，秋季利用颊囊盗运大量粮食，一个仓库存粮2.5～5kg。它还爬到树上偷吃核桃、杏、苹果、梨等，也偷食人参果实。

花鼠白天在地面活动多，在树上活动少。半冬眠性。早春、晚秋也有少量活动。全年以7月中旬数量最多，与幼鼠出窝参与活动有关。行动敏捷好奇，陡坡、峭壁、树干都能攀登。

每年繁殖1次，每胎4～6只。怀孕、哺乳期为1个月。

2. 东方田鼠

东方田鼠（*Microtus fortis* Buchner）属啮齿目，仓鼠科。别名沼泽田鼠、远东田鼠、大田鼠。

（1）形态特征　体型较大，成体体长120～160mm。尾较长，超过体长的1/3。后脚背面生有短毛足垫5枚。体毛色调与普通田鼠完全一致，背面毛通体黑褐色，毛基部灰黑色，毛尖端栗棕色。腹毛污白色，毛基呈深灰色，毛梢白色，体侧颜色稍淡与腹面颜色有明显分界。尾2色，上面近乎黑色，下面污白色。

东方田鼠的头骨很粗壮，结构坚实，脑颅较圆滑且宽，眶间距较大，年老的个体有眶间脊，一般的没有或不明显。腭后窝深。

（2）生活习性　东方田鼠不很灵敏，但不怕水，有潜水的本领。喜栖居于低洼潮湿多水的环境中。当洪水季节来临时，它们还会成群迁移到农田及渠堤上。有季节迁移习性，夏季栖息于苔草甸子中，秋后迁至山坡越冬。

东方田鼠的洞穴结构简单，在苔草墩子旁营造的巢，一般将草墩挖1个侧坑，为其洞穴，在农田中挖的洞穴也极简单，仅有一长约0.5m的斜行洞道，距地面深20cm左右，没有支道及仓库。

东方田鼠主要以植物的绿色部分为食，嗜食苔草和大叶章，也啃食杨柳枝条嫩皮。有时亦食油质种子。东方田鼠在冬季啃食林木幼苗，对林业有一定危害性。亦为害农田禾苗及人参幼苗等。

1年繁殖3～4次，每次产仔5～13只。

3. 鼹形田鼠

鼹形田鼠（*Ellobius talpinus* Pallas）属啮齿目，仓鼠科。别名为地老鼠、瞎老鼠、普通地鼠。

（1）形态特征　鼹形田鼠体型较肥胖，体长110mm左右，成鼠重约60g。

眼小，耳壳退化，尾短小，前爪发达很适应于掘土挖洞。体毛颜色变化较大，一般为浅沙黄色，基部深灰褐色，头部颜色为黑褐色。体侧及腹部呈污灰白色，毛基灰褐色。四肢背面被灰色稀毛，前脚内侧和后脚外侧生有密而较长的灰白色毛。

上下门齿很发达，上门齿强烈前倾而伸出口外。成体臼齿有齿根。

（2）生活习性　鼹形田鼠群栖，常年营地下生活。最喜栖息于潮湿、草被茂密的夏季草场中的沟谷、阴坡地方，在高山草甸、亚高山草甸、农田、戈壁、沙丘及沼泽地边缘也有活动。

鼹形田鼠的洞道很复杂，洞内有窝巢，距地面深1～2m，主洞道两侧又有推土的支道，支洞洞口推出土后很快封闭。由于挖洞不断地把土由两侧支道推出洞外，在地面上形成一连串大小不等的新月形土堆，密度大时，可达数百个。

洞道距地表面的深度取决于土质软硬和植物根系的深浅，在土壤干燥含砾石多的地区、植物根系扎得又深的情况下，洞道距地面深度一般达40cm。相反，在土壤潮湿、土质松软、草质好、植物根系发达扎根浅时，它的洞道距地面仅10～20cm。

鼹形田鼠主要以挖掘洞道的方式沿洞道啃食植物的根茎。它同鼢鼠、北方田鼠一样，具有推土封洞的习性。每一洞群，一般有鼠5～6只，多达10只。以多汁植物的根茎为食。1年繁殖3～4胎，每胎2～5只。

鼹形田鼠是农、牧区的主要害鼠。不但大量啃食农作物、多种优良牧草及人参根部，还到处挖掘洞道，将松土推出洞外。土堆连片时，大面积盖压牧草及人参地上部分，造成减产。

### 4. 东北鼢鼠

东北鼢鼠（*Myospalax psilurus* Milne-Edwarada）属啮齿目，仓鼠科。别名地羊、地排子、瞎老鼠、盲鼠、华北鼢鼠、鼢鼠等。

（1）形态特征　体型与原鼢鼠相似，体长200～230mm。尾短，约为体长的1/5，尾几乎是裸露的。前爪发达，爪比趾长，后趾爪正常。眼极小，耳壳退化，隐藏毛下。体毛细柔而有光泽。背毛灰赭色。吻端部毛呈污白色，无灰色毛基。额顶有一块极明显的白色斑点，其大小变化很大，在个别鼠体上可能完全消失。体两侧及前后肢的外侧，毛色与背毛相似。腹毛灰色，毛尖稍显淡褐色，与体侧毛无明显界限。

东北鼢鼠的头骨粗大，有明显的棱角，颧弓很宽大，头骨后端在人字脊处成截切面。老体鼠有发达的眶上脊与颞脊，在左右平行的脊凸之间形成明显的凹陷。人字脊相当大，成直线，伸向两侧。上枕骨特别大，中部稍向后隆起，形成脑颅的后壁。

上颌门齿凿状，相当强大，齿根伸至第一上臼齿的前方，其齿内侧有2个凹刻，与外侧的2个凹刻交错排列，并将其咀嚼面分成前后交错排列的三角形及一个稍向前伸的后叶。下颌第一臼齿内侧有3个凹刻，外侧有2个凹刻，内侧第一凹刻不深，因而前部的咀嚼面不分割成2个孤立的三角形，而是相互连接成1个斜列的前叶，其后为2个交错的三角形和1个长形的内叶。

（2）生活习性　栖息于草原及农田中，有时也发现在山地丘陵以及荒滩、灌丛与河堤等处。洞穴比较复杂，一般可分为洞道、厕所、窝巢及仓库。洞道全长50～62m，离地面深20～50cm。洞道两侧的地面布有许多土丘，有的在洞道的上方。洞道直径为5～6cm，通往窝巢及仓库，逐渐变深，窝巢与仓库居最深部位，距地面深达1m。巢室较大，长50cm，宽20cm，高15cm。

东北鼢鼠不冬眠，昼夜活动，一般多在清晨及黄昏活动。活动亦因季节不同而有改变，春季与秋收以后，以11～13时活动多，夏季全天活动。从季节活动变化看，春、夏活动最活跃，尤以夏季最盛。春季从2～3月在向阳地面上出现少量的新土丘，以后数量逐渐增多，至7、8月新土丘最多，10月以后又逐渐减少。这是由于在春、夏季，它们沿主穴向外挖掘分枝的洞道，以扩大觅食范围及寻找配偶而引起的。

东北鼢鼠主要采食植物的根系，也啃食茎、叶和花。其中喜食植物的块

根、块茎及鳞茎。贮藏的食物包括有茅草、苔草、甘薯、马铃薯、胡萝卜、豆类、花生以及洋葱等。在春末至夏初繁殖，1年1胎，每胎产仔2～4只。

东北鼢鼠为害甘薯、马铃薯、胡萝卜、花生及人参等极为严重。由于挖洞及贮粮活动，给农业造成很大损失。在牧业上，以大量的土丘覆盖牧草，导致大量优良牧草的死亡，使草场退化。

### 5. 狭颅田鼠

狭颅田鼠（*Microtus gregalis* Pallas）属啮齿目，仓鼠科。别名为群栖田鼠。

（1）形态特征　狭颅田鼠体型较其他田鼠略小。体重约26g，成鼠体长90～130mm。尾短，其长为体长的1/5～1/4，被有短毛，尾端毛略长。耳小，几乎全部被毛掩盖。夏季背毛一般为灰棕色至黑棕色。吻部及耳前方略带棕色。额部及背部多为淡灰色，两侧毛色稍淡。腹毛灰白色，毛基部一般为灰色。尾毛背面棕灰，腹面淡黄。

头骨极为狭长。颧宽小于颅全长的1/2，眶间宽小于3mm。门齿前面中央偏外侧有一条深而明显的纵沟。

（2）生活习性　狭颅田鼠是群居性的鼠类之一。喜栖居于森林草甸、森林草原、草原以及高山草甸的边缘潮湿的地方。不冬眠，秋后有贮存食物的习性。昼夜均有活动，在冬季雪下活动较多，在雪上活动很少。

由于狭颅田鼠是群居，因而在它们栖息的地方，洞口密集，一个洞群，一般有5～10个洞口，多者达20个。在地面主要活动洞口，彼此间有不太明显的跑道。

狭颅田鼠以食各种植物的绿色部分为主，亦吃植物的根茎和果实。在农业区，喜食豆类和禾本科植物幼苗及人参等。冬季食源不足时，在雪下啃食植物枯枝及根部。是农牧业的害鼠之一。1年繁殖1次，产仔5～12只。

### 6. 人参鼠害的综合防治技术

鼠类由于分布地点（即居民区和野外田间）不同，其防治办法也不尽相同。通常所说的灭鼠，实际上包含防鼠和灭鼠两个不同的概念。所谓防鼠，是指采取控制、改造或破坏鼠类的生活环境和条件，间接地达到阻止鼠类数量增长的效果。如日常采用的建筑防鼠、食物防鼠、清除鼠类的隐藏条件及结合生产改变生境等，均属于防鼠这一类措施。而用以直接消灭鼠类的措施和方法，如化学灭鼠、器械灭鼠、生物灭鼠等，则是属于灭鼠范畴。在居民区和野外防治鼠害时应各有侧重，相辅相成，最后达到降低、控制和消除鼠害的目的。防鼠是为了灭鼠，又是灭鼠过程中的关键性环节，而灭鼠又必须防鼠，也是防鼠发展的必然趋势和结果。所以，长期坚持经常性的防鼠，具有积极的意义和实际效果。从表面看，改变鼠的生活环境和条件，并不能直接或立即杀死老鼠，但是，造成鼠类生活环境和条件恶化所起的作用，却远远超过单纯的灭鼠。它可以在大面积里使不利于鼠类生存的因素充分发挥作用，从而降低鼠的繁殖力，提高鼠的死亡率，达到压低鼠类的数量，防止或减轻鼠害。

居民区及野外田间的防鼠方法很多，这里着重介绍田间鼠害的防治方法。调查本地鼠类的种类、分布及优势种，以便采取有效的防治措施。

**1．预测预报**

只有准确地掌握鼠情，才能有预见地做好技术训练、物资准备、劳力安排、防患于未然。做好鼠情的调查是提高灭鼠效果和充分利用自然资源的前提。

**2．结合生产改变生境**

可以利用一些生产活动来影响鼠类的数量，如深翻、开垦、灌溉和造林等。大面积开垦和深翻直接改变了微小地形，使鼠类赖以识别方向的标志改变，原有的鼠道不复存在，从而破坏它原来的反射条件，增加各种天敌发现鼠类的机会，破坏其原来的饲料基地。深翻还可以破坏小型鼠的巢穴，迫使其迁居。而在迁居过程中，鼠的死亡率大大增加。人类的生产活动对鼠类的数量影响很大，应引起足够的重视，广泛地加以利用。

**3．生物灭鼠生物**

灭鼠包括两个不相同的内容。其一是天敌灭鼠。如猫头鹰、黄鼬、鹰、蛇等，均可以捕食鼠类；其二是利用对人、畜禽无害而对鼠类有致病力的病原生物或体内寄生虫，使鼠类致病死亡。国际有关组织一再提倡用生物防治来取代化学防治。一只黄鼬每年可以吃鼠数百头；一只艾虎可食鼠300～500只；一只伶鼬可捕食鼠2000多只；一只小猫头鹰可捕食鼠类500多只；一条蝮蛇可以食鼠数十只。

### 4. 器械灭鼠

我国人民在长期与鼠害的斗争实践中，积累了丰富的经验，创造了种类繁多的灭鼠器械。从简单的鼠夹、地箭到现代化的电子扑鼠器，有300多种，可供在各季节、环境、场合、位置为各种目的捕鼠选用。经常使用的有如下种类。

（1）捕鼠夹　是日常最常用的一种捕鼠器械，做法简单、使用方便，通常有：铁丝夹、木板夹、铁板夹、环形夹及钢弓夹等。

（2）捕鼠笼　也是应用比较多的一种捕鼠器械，常见的有翘板门捕鼠笼、倒须门捕鼠笼、升降式捕鼠箱、过道式捕鼠笼、押摇捕鼠匣、铁丝捕鼠笼、短形捕鼠笼等。

（3）捕鼠箭　有穿心箭、地箭、地弓等。

（4）捕鼠铡　约有10种。

（5）套具捕鼠　有网套、竿套、连环套等。

（6）吊套捕鼠　有弹弓吊、梁上吊等。

（7）捕鼠钩　有嘴钩、刺钩等。

（8）勒弓捕鼠。

（9）电子捕鼠器　适用于粮库及室内应用。

### 5. 化学药物灭鼠

是目前应用最广的一种灭鼠手段，它具有使用方便、迅速、彻底等优点，受时间、地点和环境限制较少，适于大面积灭鼠之用。但由于这些灭鼠药剂一般毒性较高，如使用、管理不当时，往往会发生人、畜中毒的现象，且经常使用后也出现了鼠拒食或产生抗药性等弊病。

（1）常用的灭鼠药剂　化学灭鼠药剂种类很多，一般按其作用速度可以分为两大类。一类是速效剂，如磷化锌、灭鼠优、鼠克星等；一类是缓效剂，如敌鼠钠盐、杀鼠灵、鼠得克等。

（2）选择灭鼠药剂应注意的几个问题　①针对性：鼠的种类不同，对药物的敏感性也不相同，所以要针对不同鼠类，选择不同药物进行灭鼠。②接受性：目前使用的杀鼠剂，多数是第一次效果较好，再用时效果就较差或拒食。为解决此问题，再用时可加一些适口性强的饵料，弥补再遇时的拒食性。③抗药性：一种药物使用后，老鼠会对其产生不同程度的耐受性，且可以遗传给后代。因此，在使用灭鼠剂时应采用多种药剂轮换使用，以避免抗药性的产生。④稳定性和残效期：在需要长期灭鼠的场所，杀鼠剂的稳定性和残效期越长越好。而在突击灭鼠时，杀鼠剂应在较短的时间失效为宜，以减少二次中毒的可能性。

（3）常用灭鼠药剂的配制

①毒饵：毒饵由诱饵和灭鼠剂组成。饵料选择的主要依据是鼠类喜食、来源丰富、价格低廉、质量稳定、易于保存等。配制毒饵时，可加入少量植物油、食糖等，以提高鼠类的适口性。随着季节的变化，饵料也应有所不同，如夏季气候干燥，可选用甘薯、胡萝卜、黄瓜等，也可选用梨、苹果等，以增加诱饵的含水量，引起鼠的食欲，提高灭鼠效果。

配制毒饵时，灭鼠剂的浓度应视鼠种、耐药性、药物毒性等不同而采取相应的浓度，一般捕灭野鼠时，浓度要比家鼠略高一些。毒饵的配制方法要根据杀鼠剂的种类、理化性质和诱饵的种类而定。易溶于水的配成浸泡毒饵；不溶于水的配成黏附毒饵；粉状的可配制成混合颗粒毒饵。

浸泡毒饵。将溶于水的杀鼠剂用渗入的方法将药物渗透诱饵内，制成毒饵。此种毒饵含药要均匀，晒干后易于保存和残效期长。可选用高粱、玉米、大米、麦粒等。毒水量是毒饵量的20%～30%，以诱饵能全部吸入毒水为准。

当气温低时，可用温水配制毒水。

黏附毒饵。将不溶于水的灭鼠剂先拌入一定量的淀粉或滑石粉内，再均匀地洒在诱饵表面，使灭鼠剂黏附于诱饵上。饵料可用含水量高的甘薯、黄瓜、水果等，拌料时先把饵料切成1cm左右的小块。但要现用现配，以免影响鼠的适口性。

颗粒毒饵。此法是将灭鼠药拌入玉米面等粉状诱饵内，加入适量水，制成颗粒性毒饵。

②毒水：常用于某些缺水的场所或鼠类饮水场所的周围。毒水放在浅而平、表面积大的容器内。容器要有一定的重量，以防倾倒。

③毒粉：利用鼠类有舔毛的习惯，在鼠洞四周或鼠类经常活动的场所，撒一点拌入灭鼠剂的毒粉，让鼠毛沾上，而造成鼠类中毒死亡。毒粉的稀释粉可选择易吸潮的草木灰、陶土、滑石粉等。稀释粉越细，灭鼠效果越好。

## 三、采收与产地加工技术

### （一）种子采收

人参通常三年生开花结果，但种子小、数量少，在六年栽培中，多在五年生采收一次种子；若种子不足，四、五年生连续采收两次种子也可。采种时间一般在7月下旬至8月上旬，当人参果实充分红熟呈鲜红色时便可采摘。采收过早，种子发育不好；采收过晚，果实易脱落，造成鼠害减产，并影响种子适期播种（伏播）或催芽。一次采种，可摘下果穗或用手撸下果实均可；二次采种，先采摘果穗外缘红熟的，但应注意不要碰掉绿果。病果必须单采，并深埋或烧毁。要随采随搓洗，剔除果肉和瘪粒，用清水冲洗干净，待种子稍干表面无水时便可播种或催芽埋藏。若留存干籽，种子阴干含水量为15%以下时方可。种子不宜晒干，否则影响发芽率。阴干的种子，置于干燥、低温及通风良好的地方保管，注意防止高温、潮湿，引起种子霉烂，降低种子生活力。

### （二）参根采收

#### 1. 收获年生

人参随着生育年限增长，产量和药效成分含量不断增加。但人参生长到六年生以后，生长速度及有效成分积累缓慢，同时病害增多，产品质量下降，因而延长收获年限是不经济的。

#### 2. 收获时期

适时采收提高鲜参和成品的产量和质量有重要意义。据研究，旬平均气温在15℃左右时为人参最佳采收期，一般在8月末至9月中旬，此期比往常9月下旬采收鲜参产量提高3.6%，折干率提高4.4%，红参量提高5.6%，红参质地饱满，角质透明，色泽好。内在的氨基酸和淀粉含量均有增加，淀粉含量9月9日采收为53.6%，10月9日采收则为48.0%；糖的含量由9月9日的36.5%增加到10月9日的46.3%；皂苷含量不同采收期没有明显差别。因此，收参时间偏晚，气温降低，参根内部的淀粉和皂苷类转化可溶性糖类，以提高自身的抗寒性。由于人参根中可溶性糖增加，不仅蒸参易外溢流失，影响鲜干比，而且加工出来的成品参色深、皱纹、抽勾，易吸水、绵软不坚，不便贮藏。因此，必须适时收参，并做到边起、边选、边加工。采收时切勿伤根断须，也不宜在日光下长时间暴晒，起出的人参应尽快送田间分选棚初分选，随即装包，运送加工厂加工。加工产品产量高低，质量好坏，不仅依赖于加工技术，更取决于参根质量。由于人参采收期影响人参的产量、折干率、加工质量及药效成分含量等问题，而上述问题又与当地的温湿度、土壤、降水量、光照及栽培技术有关，故各地应因地、因时制宜，视人参生长状况及当时当地的气候情况来确定人参的适宜采收期。

#### 3. 收获方法

人参收获期确定之后，提前半个月拆除参棚，拔出立柱，堆放于作业道上，以便放阳放雨，促进参根增重和有机物质积累。起参时先用锹、镐或三齿子将畦帮头刨开，以接近参根边行为度，接着从参畦一端开始按栽参行一行一行地挖或刨，深度刨至畦底，以不伤根断须为度。起出来的参根，抖去泥土，头对头，尾向外装入木箱或条筐中运至加工厂。尽量做到边起、边选、边加工，防止在日光下长时间暴晒或雨淋，仓贮水参时间不宜过长，避免堆积过厚，否则易造成参根跑浆、伤热、腐烂而影响成品参加工质量。

（三）人参加工工艺

人参加工制品中，红参是主要加工品种。改进加工工艺，提高红参质量，是红参加工中的主要问题。

1. 红参

红参粗加工工艺流程：浸润→清洗→刷参→分选→精洗→蒸制→晾晒→高温烘干→打潮→下须→低温烘干→分级→包装。

（1）蒸参工艺　蒸参是红参加工的重要环节。一般说来，红参产量高低、质量好坏主要取决于蒸参时间、蒸参温度及初始增温和终了降温的进程。采用大型蒸参罐蒸参，罐温60℃进罐，每分钟升温1℃，经40分钟达100℃，蒸100～200分钟，然后排气逐渐降温，罐温80℃左右出罐；或人参进罐后，经20分钟罐温达40℃，经40分钟达70℃，经60分钟达100～102℃，保持30分钟停气，停气30分钟后出罐。随着蒸参时间的处长，红参色泽逐渐加深，但红参产量与蒸参时间有关，延长蒸参时间，人参固有的成分流失增多，红参产量下降。蒸参时间短可以提高红参产量。

实验证明，红参加工的适宜条件是，压力为每平方厘米0.1kg，温度为101～102℃，时间90分钟。红参出品率达32.25%，即用3.1kg鲜参加工1kg红参，较传统蒸参法红参增产2%～7%。经测定红参，感官符合标准，人参总皂苷含量不低于一般红参。压力为每平方厘米0.5kg、温度110.8℃条件下，蒸制10分钟，是加工红参的适宜条件，并可保证红参的产量和内在质量。如此制得的红参感官特征符合《中国药典》标准，内在质量好，人参皂苷含量高。

（2）干燥工艺　干燥是红参加工的重要环节之一。干燥温度和时间对红参产量有较大影响。红参出罐后应先晒1天，然后进干燥室，在60～70℃下烘

12～14小时；下须后进行2次干燥，40～50℃，经24小时取出，日晒几天。

将干燥过程分为4个阶段：①升温阶段：人参放进干燥室后，逐步增温，经3小时达72℃，每40分钟排潮一次；②脱水定色阶段：逐步降温，历经9小时降至65℃，每30分钟排气一次，中尾淡棕色；③主根干燥阶段：逐步降温，历经11小时降至60℃，适当排气，主根淡棕色；④降温干燥阶段：逐步降温，历经14小时降至40℃。2次干燥温度40～45℃。

（3）黄皮问题　红参的黄皮问题，历来为研究者和加工者所重视。1980年国家制定的《人参商品规格标准》中规定，一等红参无黄皮，二等红参稍有黄皮，三等有黄皮。因此，红参出现黄皮，主要有如下几方面原因：①土壤干旱，土壤温度过高；②病害严重，田间作业造成参根创伤；③连年采籽，空心，黄皮增多，支头越大者越严重；④平栽覆土浅，栽培年限太长，如6～7年，栓皮自然老化；⑤收获时间晚，据测定，9月15～20日收获，黄皮率20%～30%；9月25～30日收获，黄皮率35%～40%；10月1～5日收获，黄皮率45%～60%。⑥加工前贮藏时间太长，贮藏方法不当，温度过高；⑦蒸参时间短，温度低；⑧分等不均匀，支头大小不一；⑨蒸参过程回收参露。据测定，回收参露黄皮率为40.3%，不收露黄皮率为29.7%；⑩烘干时间短，温度高（>75℃）。

应用同一产地和收获期的六年生人参加工红参，然后对不同组织部位进行人参总皂苷含量测定结果表明，黄皮细粉皂苷最高为6.27%，带有黄皮的红参为3.5%，锉去黄皮的红参皂苷含量为3.31%，黄皮在红参体表面仅为很薄一层，其下面仍呈红参的固有色泽；黄皮部位的细胞大多干枯、老化，贮藏物明显减少，显示纤维素、半纤维素占优势的枯萎状态。有人认为红参黄皮含皂苷最高，因此药用价值最大，应予科学评价。

为防止和减少红参黄皮出现，应当实行科学栽培管理，覆好土、浅松土、斜栽参，保持适宜的土壤水分，加强防病，适时收获，随收随加工，根据人参的成熟程度，设计适宜的加工工艺，适当延长加工时间，注意烘烤温度，在保证质量的前提下，采用二次加工法，增强色泽，减少黄皮。

（4）破肚问题　在加工红参过程中，常出现破肚现象。主要有如下三方面原因：人参含水分过高，洗刷浸泡时间太长（如17～18个小时），刷洗破皮；蒸参开始给气过大，温度突然上升，一般破肚率占30%，成品抽沟；蒸参后期突然降温，往往产生破肚现象。人参收获后放置1～2天，降低鲜参含水量，随泡、随刷、随蒸；蒸参初始温度要缓慢上升，出料时，先小开罐门，然后再大开；蒸参时间控制在150～180分钟。这样可防止破肚，红参质佳色正，成品率高。

（5）绵软问题　主要有三方面原因：一是栽培技术不合理。如种栽挑选不严，参畦水分调节不当，腐殖土比例过大，连年留籽，采光不足等；二是加工技术不合理。人参收获期晚，贮藏期长，温度超过15℃，加工工艺不连贯，蒸参时期掌握不当，成品红参含水率超过15%；三是包装贮藏不当。解决红参棉软问题的几项措施是：改良土壤，用隔年土栽参，腐殖土掺30%～40%黄黏土；选优质种栽移栽；采用透光棚，增加光照，合理调水；适时收获，贮藏期不宜超过3天，砂培温度为5～15℃；随洗随蒸，烘透。

### 2. 生晒参

生晒参是我国药用人参历史最悠久的加工品种，属粗加工制品。目前，主要有两个品种，一是全须生晒参，二是普通生晒参。

全须生晒参加工工艺流程为：鲜参→洗刷→日晒→熏蒸→烘干→绑须→分级→装箱。

将不适宜加工红参的个大、体短、须多、根形不好、浆气不足的鲜参以及须少、腿短、有病疤的鲜参选用来加工生晒参，其中，体大浆足、须芦齐全、无破疤的鲜参可用于加工全须生晒参。

用洗参机刷洗参根，使其达到洁净为止，去掉污物、病疤，但不要损伤表皮。将刷洗干净的鲜参，按大、中、小分别摆放于晒参帘上置于阳光下晾晒1～2天，使参根大量失水。

将参根放于温度为30～40℃的烘干室内进行烘干，每隔15～20分钟排一次

潮气。烘干温度过高，会影响成品参色泽。在烘干过程中，可向参根适量喷洒45℃左右的温水，以保证主根内外一起干，避免抽沟。烘至参根含水量为13%以下时，便可达到成品参含水量要求。

用喷雾器喷雾须根或用湿棉布盖在须根上，使其吸水软化，以便于整形绑须。绑须时，用白棉线捆绑于须根末端，使其顺直。此后，再干燥1次，即成商品全须生晒参。

### 3. 冻干参

冻干参即冷冻干燥的人参，它是采用冷冻和低温干燥加工而成的。其加工原理是，鲜参在低温下呈冰冻状态，利用冰态直接变成气态的升华原理，使参根中水分脱出达到干燥的目的。在升华过程中，参根温度保持在0℃以下，因而对酶、蛋白质、核酸等不耐热的物质无破坏作用，保持了人参的天然活性，经干燥后能排除95%～99%的水分，有利于长期保存而不虫蛀，并可保持鲜人参的外形不变。

冻干参加工工艺为：选参→存放→保鲜→洗刷→沥水→整形→冻干→灭菌→包装。

（1）选参和保鲜　应挑选出浆足体实、无病疤、无伤残、体形美观的鲜参作为加工冻干参的原料。为使鲜参在加工前延长保鲜期，以确保原料和产品质量，在选参时，随选随将当选的鲜参装入塑料袋内，即采用限气保鲜法存放于库内，可保鲜1个月。

（2）洗刷和整形　用清水洗净参根上的泥土，刷去皱纹内及支叉间的杂物，使参根达到洁净为止。将洗刷后的人参摆放于参帘上进行沥水，沥水后对参根进行整形，然后放于冷库内备用。冷库内的温度应控制在1～5℃。

（3）冻干　冻干是加工活性参的重要环节，决定成品参的质量。冻干设备主要由冷冻干燥箱、冷凝器、冷冻机、真空泵、加热器等组成。操作过程包括冻结过程、升华干燥过程和再干燥过程。

首先，将整形后的鲜参从冷库取出装盘后，放入低温真空干燥制品柜中的隔板上，然后开机进行低温冷冻，经2～3小时，当达到-15～-20℃时，参被冷冻定形。冻结后启动真空系统抽出空气达较高真空度，此时开始升华排出参根中的冻结水分。由于冰晶升华时需要吸收热量，所以应给予加热升温。要求以每小时1～2℃的速度升温，直到冷冻机的隔板温度与参温度一致时停止升温并保持2～4小时，使参根中冻结水分全部蒸发出去。最后再快速加热升温，以便蒸发出未冻结的水分。随着水分不断排出，温度逐渐升高，但一般不能超过40～50℃。完成冻干全过程需经30～40小时，参根达到干燥要求（含水量为13%以下）。此时，解除真空环境，取出成品。

（4）灭菌和包装　为使冻干参在保存期间不霉变，应对其进行灭菌。采用微波灭菌法为好，对其有效成分、色泽、气味无任何不良影响。方法是将冻干参装入敞塑料袋内，不封口，然后将塑料袋放入微波灭菌器内，以功率为7～10kW进行短时间加热灭菌，可使霉菌失去活性。采用真空贴体包装法。将灭菌的冻干参轻微回潮后，经进一步整形之后，将其单个固定在黄板纸上。然后，再将黄板纸连同人参一起装入复合薄膜袋中，抽出空气，热合封口后，再装入精致的盒内，入库待销。

（四）人参贮藏保鲜技术

人参制品，历来以红参、白参、生晒参等于品销售或以这些干品为原料进一步加工，如人参精、人参片等补药，直接使用鲜参或加工各种制品，为数不多。近年来，随着医药、日用化学、食品工业的发展，鲜参需要量越来越大，鲜参需要供应期亦越来越长。鲜人参总皂苷含量比生晒参高0.35%，比红参高1.31%，比糖参高2.76%。因此，近年来对人参保鲜技术和方法比较活跃，并取得很好地进展。

1. 限气贮藏

限气贮藏，利用薄膜等包装使产品在改变了气体成分的条件下贮藏，产品通过呼吸降低$O_2$和升高$CO_2$浓度。它是在低温冷藏基础上进一步提高贮藏效果的措施主要方法是在0～10℃窖温条件下，利用厚0.05mm和0.07mm聚乙烯袋

（25cm×40cm）限气贮藏保鲜人参。结果以0.07mm膜袋效果最佳，贮藏210天，人参浆气足，硬度高，不腐烂，自然耗损率最低，芽苞仍有生活力，发芽良好，生育正常。人参皂苷含量仅下降0.137%（干重），而散放的则下降0.654%。保鲜效果与膜袋厚度、人参质量、参根有无病害（如菌核和锈腐病等）及贮藏温度等密切相关。厚膜袋（0.07mm）比薄膜袋（0.05mm）含$O_2$少，含$CO_2$多，有利于抑制人参呼吸强度，降低基质消耗，防止蒸腾失水；人参浆气不足，硬度下降快，不能长期贮藏；感病人参易腐烂；温度愈高，呼吸强度愈大，贮藏寿命愈短。据测定，鲜人参在10℃下呼吸强度为每小时132mg $CO_2$/kg，在0℃下则为每小时17.6mg $CO_2$/kg。

我国每年有70%的鲜参加工红参，加工量大，加工适期短，多由于贮藏不当而造成损失或影响加工质量。采用装箱套袋低温（窖温10℃）限气贮藏，每箱装量5kg，红参加工期可延长1个月不影响加工质量。但贮藏窖温不宜超过12℃，否则易烂参。利用活动冷库，将人参摆放在硬质塑料箱中，外部套以0.1mm厚聚乙烯袋限气贮藏，贮藏99天保鲜率达93%，人参总皂苷含量降低0.3%以内，用贮藏的人参加工活性参，其产品完全合乎标准，温度和湿度对人参保鲜率影响很大，温度为0～3℃贮藏最适；高于4℃保鲜率降低；在自然温度下保鲜率下降10%，箱内湿度为85%～95%时保鲜效果最好，湿度大导致人参腐烂；湿度低人参失水萎蔫，箱贮藏量（2～6kg）不同差异不大，不同产地和地块保鲜率有一定差异，产品含水量降低，组织致密、皮层较厚者保鲜率高。

### 2. 气调贮藏

气调保鲜，主要通过充入大量$N_2$作为$O_2$的稀释剂，使$O_2$迅速降到要求的浓度。在普通无制冷窖中，利用不同厚度（0.05mm和0.07mm）聚乙烯薄膜小包装，对鲜参进行人工充$N_2$处理，每次充$N_2$量95%左右，经过210天贮存，商品率达90%，人参保持新鲜状态，硬度高，浆气足，人参总皂苷含量损失甚微（0.17%）；两种膜袋相比，厚膜（0.07mm）优于0.05mm厚的薄膜，同时做对照的砂埋和散放处理者，人参干缩，失去鲜参价值，人参总皂苷损失为

0.32%～0.58%，人参质量、新鲜程度及感病状况对贮藏效果有一定影响，认为小包装（25cm×14cm袋，贮量500g）贮存，充$N_2$频繁，若试用大包装贮存，效果可能更好。

### 3. 辐照贮藏

近二十年来，利用$^{60}Co-\gamma$射线辐照处理贮藏法，愈来愈多地受到重视，很多工业化国家都在研究和应用，并用于贮藏保鲜食品。近年来我国在人参保鲜上进行了应用研究，采用$^{60}Co-\gamma$射线辐射处理鲜人参，贮存于0℃（±1℃）的恒温冷库中，经240天后测定人参自然损耗率、腐烂率、人参总皂苷含量等指标，发现5万～20万拉特$^{60}Co-\gamma$射线剂量效果最佳，保鲜率为80%以上。

### （五）人参贮藏

#### 1. 人参贮藏特征

在人参中的水分、皂苷、脂肪、淀粉、糖类、蛋白质、生物碱和挥发油等成分，均不够稳定，容易受自然因素的影响而起各种变化。人参中的安全含水量为13%。如果水分过大，人参中的淀粉、蛋白质、糖类就容易分解和发热，造成发霉和变质。如果人参的含水量过低，就会失去其应有的重量和色泽，而出现干枯等现象。人参中含有植物脂肪，在外界条件影响下，可能产生酸败和分解。人参中淀粉含量较高，易受虫、鼠侵害。人参含有本身特有的香气，与别的药材同贮易串味，或贮藏不当，使特有气味丧失或变味。

#### 2. 影响人参贮藏的因素

（1）温度　在人参贮藏过程中，温度对其药用及商品价值的保持具有重要作用。一般在常温下（15～20℃），随温度的升高，各种物理化学及生化等的变化将加剧。温度的升高，会促进水分的蒸发，从而降低了人参的含水量。温度的升高有利于微生物的活动，从而加速人参的发病腐烂。温度升高，还会促使人参挥发油成分的损失。温度的骤变，会导致空气相对湿度的变化，使人参忽干忽湿，对人参贮存十分不利。

（2）湿度　湿度是影响人参质量的又一重要因素。空气湿度随季节和温度而改变。湿度的变化影响到人参的含水量、化学成分及表现特征，并且关系到微生物的活动。人参在贮藏过程中，相对湿度愈高愈易吸潮；反之，相对湿度愈低，则愈易干缩。建议人参贮藏相对湿度为60%～70%。相对湿度与温度密切相关，因此，在进行人参贮藏的温湿度管理时，要考察温湿度的相互关系。

（3）空气　药材在贮藏过程中，大部分情况下总是与空气接触的。氧气能与人参中的一些物质，如脂肪酸、挥发油、皂苷等，发生化学反应，使人参变质。臭氧含量虽低，但它是一种强氧化剂，对人参的变质也有促进作用。

（4）日光　太阳辐射中的红外光线有热效应，可使人参温度升高，加速各种理化变化。紫外光有一定的杀菌作用。在晴天时可使人参短期通风、透光，但不可长期暴晒，否则会发生变质。

### 3. 人参的贮藏方法

（1）普通贮藏法　人参的普通贮藏法是，少量用木盒，每盒2～4kg；大量则用木箱，每箱15～25kg。木盒或木箱底垫上一层棉花，棉花上面覆以白纸，木箱壁上垫上棉花和白纸，这样可以在搬运时，不损坏人参。木箱及衬垫材料均需无异味，以防污染参体。将装箱的人参，最好贮于冷藏库中，通过低温的抑制作用，使人参减少或免受病虫害。如没有冷藏库，也应尽量将其放在阴凉的地方。对装箱或装盒的人参，除要调节温度外，还要注意调节湿度。在夏季加石灰，或添加硅胶等吸湿剂，但要掌握投放量，量过大，吸水过多，参体失水过多，会加大人参的损耗率。贮藏过程中还应注意霉变的发生，应经常检查有无受潮及霉变、虫蛀现象。

（2）气调贮藏法　气调贮藏，不仅是人参保鲜的重要方法，也是干参贮藏的重要手段。其原理是，在密闭的贮藏环境中充入$N_2$、$CO_2$等惰性气体，降低$O_2$的浓度，使害虫缺氧窒息而死亡，达到控制一切害虫和真菌等微生物的活动，保证库内贮存物处于良好状态的目的。此法经济、实用、无污染，在许多中药材上试用，取得了良好的效果。

先将仓库准备好，然后在下面垫上麻袋、油布或芦席，以防潮气影响商品

质量，再放上薄膜，薄膜上铺一层麻袋。将人参摆放到麻袋上，摆放整齐，尽量不出棱角，以免弄破薄膜。用热合机将薄膜黏合，黏合时要留抽气口。抽气时要连接一真空表，当真空度达到2.13千帕以下时，就可以充$N_2$。充气量一般为体积的75%～85%。充气以后要定期检查，如果$CO_2$数量增多，可能是害虫和微生物在套内活动；如果$O_2$增加，则说明塑料套子漏气，外界有空气进入。同时要定期给套子补充$N_2$。充$CO_2$的操作与充$N_2$基本相同。

（3）吸氧剂法　将吸氧剂和人参或人参制品密封在塑料袋中，吸氧剂就可以吸收密闭环境中的氧气，使氧的含量降低到0.1%左右，这样就可以有效地阻止人参及其制品的虫蛀及霉变。用此法保存价格较贵的饮片，保质期可达18个月以上。鉴于吸氧剂法操作简单，保质效果佳，此法可能在人参及其制品的保藏中起重要作用。

# 第4章

## 人参特色
## 适宜技术

## 一、林下山参的分布

2015年版《中国药典》将人参分为林下山参和园参两类。林下山参是人为将人参种子撒播到山林中，任其自然生长，若干年后具有部分野生人参特征的为野山参，在生长过程中加入过多的清林、插花、采果等人为干预措施的为林下参。它们有别于林下做床栽培的人参。林下山参对生长条件要求比较高，长白山区适宜生长在海拔400～1000m的针阔混交林处，土壤结构适宜、空气湿润凉爽、遮阴透光适中的环境生长。

我国林下山参主要分布在东北的吉林长白山地区和辽宁东部山区，黑龙江省分布较少。吉林省的林下山参多集中在东部长白山区各市县，其中，以白山、通化地区抚育面积较大，其次延边、吉林地区也有部分分布；辽宁省林下山参产地主要集中在宽甸、恒仁、新宾、清原等县区；黑龙江省主要分布在海林、伊春等地。由于品种类型、生长的地理位置气候条件及生长环境不同，使得不同产地的林下山参在外观形体及内在质量上有较大差异。

林下山参的发展将有效地减少毁林种参对环境的破坏，且能生产出具有野生人参特点的无污染、高价值的高档商品人参，从而缓解了高经济效益人参种植业与高生态效益的林业之间的矛盾。发展林下山参产业不仅充分利用了自然资源，保护了生态环境，提供了高质量的人参产品，同时为山区产业结构的调整提供了发展思路。

## 二、林下山参护育地的选择

野生人参多分布在东经117°～137°，北纬40°～48°的各类型山地中，主要集中在长白山脉及其延伸地区。而林下山参主产区为长白山脉及其延伸地带的各县，包括吉林省的集安、通化、白山、辉南、靖宇、抚松、长白、延吉、珲春，辽宁省的桓仁、宽甸等地。选择阔叶混交林或针阔叶混交林。乔木层以椴树、柞树、桦树等高大、根深、叶茂的树种占优势的林地最好；杨树、柳树、榆树、黄檗占优势的林地不宜选用。选用的林地，应林木分布均匀，树冠间距不超过3m。

### 1. 海拔及坡向的选择

以长白山为例，山参护育区宜选择在海拔400～1200m的林地。海拔高度低于400m，受大气环境条件的影响，年降雨量少，积雪层薄，积雪时间短。山参生长期内土壤易干燥，相对湿度较低，积雪融化早，易发生缓阳冻害。在这种环境条件下护育山参，不仅影响山参的生长发育，还会降低保苗率，严重者会导致绝收。各坡向均能生长山参，但以东坡、东北坡、北坡护育山参生长发育好，保苗率高；西坡和西北坡次之；南坡最差，积雪融化早，易发生土壤干旱和缓阳冻害，慎用。林地的中上部护育山参保苗率高；下部土壤湿度大，顶部土壤易干旱，护育山参保苗率均低；低洼易涝和土壤湿度过大的林地禁用，护育山参不仅保苗降低，且易发生红皮病，影响山参质量，不能作山参销售。

### 2. 植被的选择

林下山参护育区应选择阔叶林或针阔混交林地，乔木树种以柞栎、糠椴、紫椴、色木槭、檰槐、风桦、白桦、刺楸、水曲柳、黄檗等混杂次生林为好，树龄最好在 30 年以上，树间距分布合理；灌木类以刺五加、鸡树条荚蒾、东北茶藨、榛、胡枝子等间生为好；草本植物以矮生的鹿药、落新妇、银线草、东风菜、山尖菜、东北细辛、铃兰等伴生为好。由乔木、灌木和草本植物为林下山参生长构建一个适宜的天然屏障，郁闭度以0.7～0.8为宜。

### 3. 土壤的选择

山参护育林地的土壤以棕色森林土或山地灰化森林土为好。该土壤富含有机质，湿度适宜，排水透气良好，呈微酸性。土层结构合理，A0层（0～8cm）为森林枯枝落叶层；A1层（3～10cm）为棕色森林土，土质疏松，有团粒结构，植物细根较多，为明显的腐殖质层；A2层（10～20cm）为明显的灰化土

层，灰黄色，较腐殖土层坚实些，但透水透气性能好，为参农所说的灰黄油砂土层；B层（20cm以下）为棕色黏土层，石砾较多。

选择山参护育林地要从海拔高度、坡向、植被、土壤等多项生态因子综合考虑，选择适宜林下山参生长的环境条件加以护育，才能够成功。否则，违背了林下山参生长发育的生态条件和生长发育规律，盲目发展，会浪费时间、人力、财力和物资，造成重大的经济损失。

## 三、林下山参种植技术

### 1. 林下山参种子类型

野山参是在林下仿（或"半"）野生或近自然生长的山参，生长过程中不移栽、不搭棚、不施肥、不整地，十几年后采收，其成株参体具有野生人参部分或全部特征，质量可与同龄的野生人参媲美。吉林人参按照参体形态可分为大马牙和二马牙两种：大马牙主根短而粗，主根顶端（肩头）齐平。根状茎（芦头）相对粗短。根状茎上存有呈马牙形的较大茎痕（芦碗），茎痕间距短。根状茎上不定根（芋）不发达，主根及侧根生长方向为向地生长。大马牙品种参体生长发育快，产量高，成熟早，但主根体直粗，观赏价值低。二马牙主根较细长，主根顶端倾斜。根状茎较大马牙细长，茎痕较大马牙小，但茎痕间距长。从主根顶端分生出的侧根较多，但从主根下端分生出的侧根较大马牙少。根较长且偶尔横向伸长。主根多数会从中部分形成多个不定根并横向弯曲呈弓形，形态较好，观赏价值高，但根部发育较大马牙慢，产量稍低于大马牙。

吉林人参从成株形态也可分为2种：短脖和长脖。短脖即芦头长短适中，主根体顺长，长于长脖，侧根少而细长，须少清晰，观赏价值低；长脖人参即芦头细长，主根细，横纹较深，须根少而长，观赏价值较高。需要说明的是，无论是大马牙、二马牙，还是长脖、短脖，都是参农在长期的人参种植过程中筛选出的优良品系，可被视为栽培品种即栽培种。

#### 2. 林下山参播种方式

（1）播种时间

①春播：在4月下旬至5月上旬土壤解冻后进行。可根据不同区域、不同年份的具体气候条件考虑，春天播种种子可以直接进行发芽生长，但春天风大、温度上来得比较快，大量种子不能及时播种到土壤中，见风易于出芽。再播，常造成芽受伤，影响出苗，也影响叶的正常生长。在生产实际中往往小面积可以春天播，大面积播种建议秋天播。通常播种的是催芽种子，当年即可出苗。

②秋播：分两个时间段，分别为8月上旬至9月上旬播新鲜种子或 10月中旬至结冻前播催芽种子。秋播的林下山参种子翌春出苗率高，参苗较苗壮。10月中旬播种催芽籽最好选择秋季树木将要落叶时，播种完落叶恰好覆盖在播种地面上，利于保持土壤湿润。

（2）播种方式

①直接撒播：目前林下山参播种方式根据地区不同有不同的方式，最接近野生人参的播种方式就是腐殖土上面直接撒种：先将清林的林地上的枯枝落叶层搂起，将种子有序地撒在土面上，用脚踩实，盖上落叶，不破坏土层，不形成沟壑，播种出苗率也高。

②扎眼播种：20世纪90年代后期到21世纪部分地区一直沿用扎眼播种方式，首先要准备一个具有一定硬度的树枝，粗度在1cm左右，不能太粗，也不能太细，在树枝的前端3cm左右位置用铁丝固定挡线位，使扎眼的深度控制在3cm深，边扎眼边播种，然后用脚踩一下，这样的播种方式节省种子，但出苗、保苗率较低，原因是种子在扎的眼中有时是悬空的，不能与土壤充分接触，不能得到充足的水分和养分。另外，由于用脚踩的过于用力，易在此处形成凹陷，雨大易积水，使参苗易感病，保苗率较低。

③开沟播种：用镐头在清理的林地里按照一定的方向进行开沟播种，播种过程中种子的使用量大，出苗集中、密集，影响山参体的形成，一旦病害发生，损失较大，由于开沟，覆土踩实也易形成凹沟积水，易于发生病害，不利

于保苗。

④刨坑播种：这里要用到较为适宜的刨土工具，一个人刨坑，后面一个人点种子，然后用脚将刨出来的土回填回去，踏平，回填土和踏平是关键步骤，这样的方式，节省种子，出苗较好。

（3）林下山参播种注意要点　播种一定要筛选适宜的品种。主要的是二马牙和长脖，不宜选用大马牙类型，种子一定要按等级筛选，小种子，有病的种子剔除不用。

播种面的处理一定要平整。不论采用哪种播种方式，播种后的一面一定平整，不能有凸凹不平的迹象，这样才能保证种子在萌发生长过程中不会受到过多水的侵害，产生烂种现象。

### 3. 林下山参病、虫、鼠害防治技术

林下山参属于高品质人参，护育过程中需要防止病、虫、鼠害的发生引起损失。由于林下山参生长在森林生态环境中，病虫害发生较轻，鼠害发生较重，因此林下山参护育过程中应重点放在鼠害防治。此外，20年以上林下山参价值堪比黄金，作货期需防止人为偷盗带来的经济损失。

鼠害对林下山参的为害是十分严重的，鼠类不仅啃食地上部分的人参茎叶，而且啃食地下部分。不仅影响人参的品质，同时伤口处容易引起其他病原菌等侵入而引起病害发生。一些鼠类在林下山参基地营造鼠洞破坏人参生长环境，影响人参正常生长发育，致使林下山参减产，体形变劣。影响鼠害的发生因素很多，如基地温度、水分、光照、土壤、地形、植被、动物及人类活动。

（1）鼠害主要类型　东北鼢鼠（*Myospalax psilurus* Milne-Edwarada.）属于啮齿目仓鼠科，别名瞎耗子、地羊、瞎老鼠、盲鼠、瞎摸耗子、华北鼢鼠等。啃食人参根及种子。

花鼠（*Eutamias sibiricus* Laxmann）属于啮齿目松鼠科，别名滑俐棒、五道眉等。花鼠食性杂，主要偷食人参果实。

达乌尔黄鼠（*Citillus dauricus* Brandt）属于啮齿目松鼠科，别名大眼贼、

蓝鼠子、禾鼠。黄鼠为害选择鲜嫩多汁的茎秆为食。

长尾黄鼠（*Citillus undulatus* Pallas）属于啮齿目松鼠科，别名豆鼠子、大眼贼。长尾黄鼠危害人参地下部位。

（2）防治原则　林下山参护育过程中一般以绿色或有机产品为目的，鼠害防治以天敌灭鼠和机械灭鼠方法为主，杜绝用化学灭鼠方法，蛇是灭鼠的方法之一。

天敌灭鼠主要利用家养猫和基地蛇进行天敌灭害。机械灭鼠主要有灭鼠夹、灭鼠陷阱、无线电波驱鼠装置。在生产中，常常是天敌和机械灭鼠相结合，最终达到鼠害防治的目的。

### 4. 其他危害防治技术

山参虽然播种后靠自然生长，不用像园参那样进行田间管理，但也存在人为进山偷盗、砍柴、采挖山野菜和食用菌等破坏生态环境和践踏山参，牛、猪等牲畜采食和践踏山参，均会影响山参的保苗率。因此，对山参护育场区要严加管护，禁止人们进山参观旅游、进山砍柴和采挖山野菜及食用菌，禁止进山放牧，防止牛、猪等牲畜进山采食和践踏。

生产实践中，除了上述病虫鼠害的发生，还有大型牲畜如野猪的拱食，其破坏程度相当严重，可在一夜之间破坏掉几十亩的山参，发现有成群野猪拱掘践踏山参要及时轰赶，减少对山参的危害。同时由于林下山参参龄增长，价值昂贵，在利益的诱惑下，往往存在人为的偷盗现象，所以注意野猪等的防护和人为偷盗的警戒很重要。方法主要是在基地设立警示牌、围网及看护房，一些有条件的基地应用数控联防技术实施24小时监控。

### 5. 林下山参的清林技术

清林对林下山参护育十分重要，林下山参护育过程中对光照要求十分严格。为了给林下山参营造适宜的光照和温度条件，可以对选定林地进行清林，清林措施主要包括疏剪高大乔木、清除小灌木和草本植物，以及地表枯枝落叶。一般苗期清林轻，作货期清林重。此外，不同地区不同林下山参基地清林次数、清林程度相差较大。

根据地区差异、环境条件及管理措施的不同，清林程度亦不同。清林基本原则是给林下山参营造适宜的生境条件，使其透光率在40%左右。枯枝落叶和草本植物清理程度直接影响林下山参播种及保苗率，一般清除较干净的有助于播种，但是不利于保水保苗，且第二年遇到缓阳冻容易导致参苗全部死亡；若不出现缓阳冻，则有利于保苗。若清除较轻的不利于播种，但是保水保苗性好，同时可以避免缓阳冻的发生。

林下山参护育过程中，每年轻度清除杂草，提高林下山参保苗率。林下山参作货期，需要进一步清林，增大光照强度，促进林下山参增长速度及干物质积累。

（1）重度清林　根据生境条件不同和管理方式的差异，一些参农在发展林下山参时进行重度清林，主要包括疏剪高大乔木，彻底清除草本植物。这种清林方式，对林下山参的品质具有很大的影响。

（2）轻度清林　轻度清林主要是清理小灌木和草木植物。

（3）不清林　有些参农在发展林下山参过程中，采取完全仿野生人参生长环境，将种子撒播在基地中，不进行任何人为管理措施，保持森林原有的植被。这种抚育方式是我们推荐的，能够生产出真正的更接近野生人参的林下山参。

生产实践中，参农通过调节枯枝落叶层厚度达到保水降温作用，如南坡阳光充足一般不利于林下山参护育，增加枯枝落叶厚度调节土壤水分和温度，提高保苗率。

## 6. 林下山参采收与加工技术

林下山参要经过15年以上的时间，才能采收上市，经过大自然的选择，同样的生境，使得林下山参具有了野山参的部分特征，同时具有很高的药用价值，适宜的采收期、采收方法和加工技术是林下山参走向产品的重要环节。

（1）林下山参的采收时间　林下山参随着生长年限增长，产量和药效成分含量也在不断增加。一般15年以上的林下山参就能够采收了，参龄越长、参形越好，价格也相应越高。另外，林下山参皂苷含量随着参龄增加有所提高。

①林下山参种子采收：林下山参的采种时期在7月下旬至8月上旬，在林下山参果实充分红透时收获参果。过早采摘，其种子成熟度低；过晚，参果则易脱落。当果实由绿变成鲜红色时，即为采种适宜时期。采收时应选择天气晴朗、光线充足的时候。采种对林下山参的品质具有一定的影响。

②林下山参根采收：林下山参采收期一般在8月末至9月初。此时的林下山参茎叶开始变黄，参根中有机物质含量最高，收获期过早或过晚对参根产量和质量均有很大影响，参根浆气不足。到了9月下旬，林下山参茎叶开始黄萎，光合作用下降，参根内的淀粉及皂苷物质转化成糖类，以提高自身的抗寒能力。8月底，林下山参中的有机物质积累达到最高，且加工后角质透明，色泽亦好。但是由于市场需求，林下山参在7月末逐渐有采收。

（2）林下山参的采收方法

①林下山参种子采收储藏方法：林下山参种子的采收方法采用采摘法，当花序上的果实充分红熟时，用手将果实一次撸下或用剪刀从花梗1/3上剪断，采回脱粒。如花序的果实未完全成熟，则应分二次采收。对落地果，应及时收拣起来。采种时注意区别好果和病果，做到分别采收、分别处理，以免种子带菌互相感染。

脱粒。采下的果实要及时搓洗，使果肉与种子分开。同时挑出病果、果柄、杂物等。由于林下山参果实量较少，目前仍然采用人工搓洗，将参果装入大盆中或装入尼龙种子袋中用手搓至果肉与种子完全分离时，投入清水中漂洗，漂去果肉和瘪粒，再用清水洗净后，晾干或阴干，不得在强光下暴晒。当种子含水量为15%左右时，入库保管。若直播种子，需稍晾晒一下，种子表面无水即可播种。

阴干。种子不能在强光下晒，需在通风阴凉处或弱光下阴干。试验证明，阴干的种子裂口率94%～98%，在太阳下晒干的种子裂口率仅为49%～65%，而且种子腐烂率增加。

种子储藏。林下山参种子具后熟性，果实成熟时，种胚未发育完全。在自然条件下，需很长时间才能发芽，因此必须进行人工催芽。脱粒后的种子阴干3～4天，立即进行催芽处理，于10月播种或者在种子失去浮水后拌入细沙进行低温沙藏，种子和沙子（1∶3）混合，于第2年春播。储藏在不受雨水侵袭的室外阴凉处，贮藏时间不得超过1年。

种子质量标准选用籽粒饱满、有正常色泽、无病粒、无虫痕、无碎粒的优质种子。种子质量应符合《人参种子标准》二级以上，并且标明产品产地等。

②林下山参根采收方法：采收工具有小斧子、剪子、铲子、小锹等。采挖方式有两种，一种是边挖土边抬参，另一种是在林下山参周围选定一定区域整体抬起，从下面散去土壤。第一种挖参方法比较吃力，只有挖取大支头的林下山参时才使用。挖参时在参茎距地面3～6cm处用剪刀把参茎剪掉；然后从参芦开始向下清理土壤，从芦到主体、从主体到主须、侧须、尾须要耐心、逐步向地下抠土清理。通常人参的根系是白色的，其他草木的根须多为黑色或杂色，在清理过程中，发现其他草木的根须就要用剪刀剪掉。挖参时要细心观察、动作要准确、挖取要耐心，这样才能挖出完好无损的林下山参。第二种挖参方法比较省力，应用也较普遍，是目前林下山参作货起参的普遍方法。挖参时把地上参茎剪掉后，依据参茎的大小估计出参须伸展的长度，以林下山参为中心，挖一个50～70cm的圆形将林下山参连同土壤一起抬起，在保护好参须的前提下，随时清理掉草木根须及石块等杂物，千万不要让人参的芦、体、须任何一个部位出现伤残，不论哪个部位出现伤残都会影响林下山参的价值。

（3）林下山参采收的注意事项　采收林下山参的时候应注意保证林下山参的完整性，忌急躁，特别是大年生林下山参需要保证所有须根的完整性，否则影响林下山参的价值。

林下山参采收后，不要长时间暴露在空气中，用泡沫箱子包装，上面放上青苔或树叶，起到保鲜作用。

（4）林下山参的加工技术　林下山参加工是为了便于保存和应用，一般有两种方法：一种是生晒林下山参；另一种方法是保鲜林下山参。

①生晒林下山参：采收的林下山参用3～5cm的毛刷或柔软牙刷进行刷参，将主根及须根上的泥土冲刷干净，然后挂在朝阳的玻璃上进行晒干，或者利用高度数电灯泡进行烘干。目前也有一些企业利用大型烘干设备加工生晒林下山参。

②保鲜林下山参：林下山参在晒干过程中会导致根内部分有效成分发生改变，影响其使用效果。随着保鲜技术的成熟，目前越来越多人趋向使用保鲜林下山参。保鲜林下山参目前常用的方法是将林下山参存放在冷藏柜中，延长林下山参保鲜期，达到随用随取的目的。随着冷藏技术的提升，储藏方法会进一步改进。

# 第5章

# 人参药材
# 质量评价

## 一、本草考证与道地沿革

### 1. 名称考证

人参原名为"葠",《说文》载:"葠,药草,出上党,褮者也。"《吴普本草》载:"人参,一名土精,精者星也。"《春秋说题辞》载:"星之为之言精也。"《太平御览》引《春秋·运斗枢》载:"摇光星散而为参。"又引《礼斗威仪》:"乘木而王,有人参至。"由此可知,人参亦即褮、葠、土精,这表明人参开始取名之意并非说其根如人形,直至《名医别录》一书中才提到人参是"如人形者有神"。以后的本草中才以人参像人形而命名。

### 2. 原植物考证

《本草纲目》将人参列入草部山草类,《图经本草》中对人参的植物形态及生长环境的描述为:"春生苗,多于深山背阴,近椴漆下温润处。初生小者三四寸许,一桠五叶;四五年后生两桠五叶,未有花茎;至十年后生三桠;年深者,生四桠,各五叶……三月四月有花,细小如粟……秋后结子,或七八枚如大豆,生青熟红"。此与现代植物学书籍中对五加科人参属植物人参(*Panaxc ginseng* C. A. Mey.)的描述相符,只不过现代书籍是采用植物学形态术语描述的。《本草纲目》及《植物名实图考》中所附人参植物图也与五加科人参完全相符。

在历史上,人参也曾产生混乱,主要与桔梗科沙参属(*Adenophora*)各种植物相混乱,在陶弘景所著的《本草经集注》中记述"一茎直上,四五叶相对,花紫色。"这显然非五加科的人参,而是桔梗科的轮叶沙参[*Adenophora tetraphylla*(Thunb.)Fisch.]。在宋代《图经本草》中所绘的人参有三图,即潞州人参、滁州人参和兖州人参。其中潞州人参,三桠五叶,乃是五加科真人参,滁州者人参乃沙参之苗叶,兖州者乃荠苨之苗叶,后二者皆是桔梗科沙参属植物。《本草纲目》载:"人参,伪者皆以沙参、荠苨、桔梗采而根造作乱之。"古代有以沙参与人参并重,且金元以来方家都以沙参、人参相代并用，尤其后世凡遇草根多肉，均名人参，参名之多，不可胜记，这是历史上人参产生混乱的主要原因之一。其次是由于人参价格昂贵，需要量增加，在此情况下，冒用参以充人参销售的种类增多。清代赵学敏著的《本草纲目拾遗》载："参价日昂贵，而各种伪杂品出，人亦日搜奇于穷岩荒壑，觅相似草根以代混。"如珠儿参、昭参、太子参、上党参等都是冒名的伪品。

由于人参最早的产地之一是山西的上党郡，故称上党人参，而党参一名就成为上党人参的别名，当上党人参绝迹时，便出现了以假充真，如黄宫绣著《本经逢原》中载："观此则知，诸参唯上党最美，而上党现不可采，复有党参之谓哉。""近因辽参价贵，而也好异奇，乃从太行山之苗，以及防风、桔梗、荠苨伪造，相继混行，即山西新出之党参改之。"其所指太行山新出之苗即为现在的党参（*Codonopsis pilosula* Nannf.）。清代吴仪洛著《本草从新》一书中载："按古本草之参须上党者为佳，今真党久已难得，肆中所卖党参，种类甚多，皆不堪用。"《植物名实图考》载："山西多长，其根二三尺，蔓生，叶不对节，大如手指，野生者，根有白汁，秋开花如沙参花，色青白，土人种之为利，气极浊，按人参以泽党及太行紫团者为上。"这里所指的是桔梗科的党参，并非五加科真正的上党人参。在功效方面，党参也不能与上党人参相比。对此，近代少数学者及一些著作中曾有过模糊的概念，认为古人参即今太行山脉之党参，此结论是错误的，应予纠正。

**3. 产地考证**

（1）现代的产地　桔梗科党参"分布于东北、华北及河南、陕西、甘肃、宁夏、青海、四川、云南、西藏等地"。五加科人参"野生于黑龙江、吉林、辽宁及河北北部，现吉林、辽宁栽培甚多，北京、河北、山西也有引种栽培"。

（2）古代的产地　大致可分两处：一处以太行山为主产地，另一处以辽东为主产地。

①山谷、上党、邯郸：人参，《神农本草经》（成书于西汉以前）载："生山谷。"《说文解字》（东汉）载："出上党。"《吴普本草》（公元208—239年）

载："或生邯郸。"山谷，很可能就是太行山之山谷，太行山"在山西高原与河北干原间。为古老褶皱山脉……多横谷"。上党"郡名。战国韩、赵各置一郡，其后韩郡并入赵，入秦后仍置。治壶关（今长治市北），西汉移治长子（今长子西）。辖境相当今山西和顺、榆社以南，沁水流域以东地。东汉末移治壶关"。邯郸"郡名。秦始皇十九年（公元前228年）置。治邯郸（今邯郸市）。辖境相当今河北滏河以南，滏阳河上游和河南内黄、浚县，山东冠县西部地区"。据高氏考证，邯郸"实际上与古上党隔太行山遥遥相对，一在山之东，一在山之西，纬度与地形相近似。如以河北省涉县为中心，大约向左右延伸纬度1°，南北延伸经度半度的长方形范围内，就是古《本草》和《吴普本草》所说的人参产地。"故《吴普本草》及其以前文献所载人参的产地当以山西省太行山为主产地，这与现今桔梗科党参道地药材的产地相一致。

②辽东、高丽、百济、新罗：人参，《名医别录》（约公元3世纪）载："生上党及辽东。"《本草经集注》（约公元500年）中陶弘景（公元456—536年）说："上党郡在冀州西南，今魏国所献即是……乃重百济者……次用高丽、高丽即是辽东。"《药性论》（约公元627年）载："生上党郡……次出海东新罗国，又出渤海。"陶弘景所说的魏国，是南北朝时期的北魏。北魏（公元386—534年）天兴元年（公元398年）定都平城（今山西大同东北），考其辖域是以上党郡为中心。故陶弘景说人参出产于"上党郡在冀州西南，今魏国所献即是。"辽东"1.郡、国名……东汉安帝时分辽东、辽西两郡地置辽东属国都尉。治昌黎（今辽宁义县）。辖今辽宁西部大凌河中下游一带……4.地区名。泛指辽河以东地区"。高丽、百济、新罗为朝鲜半岛的古国，即朝鲜史上所称的"三国时代"（起于公元4世纪初）。历来认为辽东（包括高丽、百济、新罗）所产的人参是五加科人参，这与现今五加科人参道地药材的产地也相一致。

③分析：从现代产地和古代产地及今日物产的道地药材来看，太行山所产的人参当是桔梗科党参，辽东所产的人参是五加科人参。但，值得注意的是：辽东也出产桔梗科党参。如张锡纯说："然辽东亦有此参，与辽宁人参之种类

迥别，为其形状性味与党参无异，故药行名之曰东党参，其功效亦与党参同。"

## 二、商品规格及其质量标准

### （一）山参

山参，又称野山参或野生（俗称棒槌），野山参为《人参商品规格标准》中的人参品别之一。商品流通领域简称为"山参"，对生长年限甚久者，习称"老山参"。野山参是在自然条件下的山野或深山中成长的人参。因为在野生条件下经过慢长时间的缓慢生长，所以野山参的形态特征有许多特殊之处。为使收购部门更准确地评定山参等级，卫生部、国家物价总局、国家医药管理总局，于1980年8月修订颁发了《山参商品规格标准》（表5-1）。

表5-1　山参商品规格标准

| 等级 | 标准 | 备注 |
|---|---|---|
| 一等 | 干货，纯山参的根部，主根粗短呈横灵体。支根八字分开（俗称武形），五形全美（芦、艼、纹、体、须相衬）。有圆芦。艼中间丰满，形似枣核。皮紧细。主根上部横纹紧密而深。须根清疏而长，质坚韧（俗称皮条须），有明显的珍珠疙瘩。表面牙白色或黄白色，断面白色。味甜微苦。每支重100g 以上，艼帽不超过主根重量的25%。无疤痕、杂质、虫蛀、霉变 | 野山参的鲜货与成品参的形状、质量标准基本相同，可参照干货由省自订等级标准 |
| 二等 | 每支重55g以上，艼帽不超过主根重量的25%。无疤痕、杂质、虫蛀、霉变（余同一等） | 如有特大支的野山参每支重150g 以上和2g以下者，可酌情收购；野山参艼帽超过规定标准或有顺长体缩脖芦者可酌情降等 |
| 三等 | 每支重32.5g 以上，艼帽不超过主根重量的25%。无疤痕、杂质、虫蛀、霉变（余同一等） | 艼变、移山参、趴货等参，为数不多，不立规格，由省自行酌情经营 |

续表

| 等级 | 标准 | 备注 |
|------|------|------|
| 四等 | 每支重20g以上，芦帽不超过主根重量的25%。无疤痕、杂质、虫蛀、霉变（余同一等） | |
| 五等 | 干货，纯山参的根部，主根呈横灵体或顺体。有圆芦。芦中间丰满，形似枣核。皮紧细。主根上部横纹紧密而深。须根清疏而长，质坚韧（俗称皮条须），有明显的珍珠疙瘩。表面牙白色或黄白色，断面白色。味甜微苦。每支重12.5g以上，芦帽不超过主根重量的40%。无疤痕、杂质、虫蛀、霉变 | |
| 六等 | 干货，纯山参的根部，主根粗短呈横灵体、顺体、畸形体（俗称笨体）。有圆芦。芦中间丰满，形似枣核。皮紧细。主根上部横纹紧密而深。须根清疏而长，质坚韧（俗称皮条须），有明显的珍珠疙瘩。表面牙白色或黄白色，断面白色。味甜微苦。每支重6.5g以上，芦帽不大。无杂质、虫蛀、霉变 | |
| 七等 | 干货，纯山参的根部，主根粗短呈横灵体、畸形体（俗称笨体）。有圆芦。有芦或无芦。皮紧细。主根上部横纹紧密而深。须根清疏而长，有珍珠疙瘩。表面牙白色或黄白色，断面白色。味甜微苦。每支重4g以上。无杂质、虫蛀、霉变 | |
| 八等 | 干货，纯山参的根部，主根粗短呈横灵体、顺体、畸形体（俗称笨体）。有圆芦。有芦或无芦。皮紧细。主根上部横纹紧密而深。须根清疏而长，有珍珠疙瘩。表面牙白色或黄白色，断面白色。味甜微苦。每支重2g以上。间有芦、须不全的残次品。无杂质、虫蛀、霉变 | |

## （二）红参

红参是商品人参中最为大宗的重要品种。商品红参分为"普通红参"和"边条红参"两大类，另外还有干浆参、红混须、红直须、红弯须等商品规格。

### 1. 普通红参

普通红参主要以农家品种"大马牙""二马牙"的鲜参为原料加工而成。这类红参的主根呈圆柱形，以芦短、身粗、腿短为特征。表面棕红色或淡棕色，半透明，有光泽。偶有不透明的黄色斑块，具有纵沟、皱纹、细根痕。上部有环纹，下部有2～3条扭细的支根。根茎上有茎痕。质硬而脆，断面平坦、光洁，角质样。

　　普通红参是红参中数量最大宗的商品。按每500g 所含人参的支数为标准，分为"20普通红参""32普通红参""48普通红参""64普通红参""80普通红参"及"小货普通红参"6个规格；普通红参的6个规格及对应支头的要求如表5-2所示。对每个规格又分为三个等级。在《人参商品规格标准》中，对各个规格、等级的红参标准，都有具体规定（表5-3）。

表5-2　普通红参的规格要求

| 规格 | 每500g 含有的支数 | 单支重量（g） |
| --- | --- | --- |
| 20普通红参 | 20以内 | ＞25.0 |
| 32普通红参 | 32以内 | ＞15.6 |
| 48普通红参 | 48以内 | 均匀 |
| 64普通红参 | 64以内 | 均匀 |
| 80普通红参 | 80以内 | 均匀 |
| 小货普通红参 | 80以上 | 均匀 |

表5-3　普通红参的规格标准

| 规格 | 等级 | 标准 |
| --- | --- | --- |
| 20普通红参 | 一等 | 干货，根呈圆柱形。表面棕红色或淡棕色，有光泽。质坚实。无细腿、破疤、黄皮、虫蛀。断面角质样。气香，味苦。每500g 20支以内，每支25g以上 |
| | 二等 | 干货，根呈圆柱形。表面棕红色或淡棕色，稍有干疤、黄皮、抽沟。无细腿、虫蛀。断面角质样。每500g 20支以内，每支25g 以上 |
| | 三等 | 干货，根呈圆柱形。色泽较差。有干疤、黄皮、抽沟、腿红。无虫蛀。断面角质样。每500g 20支以内，每支25g以上 |

| 规格 | 等级 | 标准 |
|---|---|---|
| 32普通红参 | 一等 | 干货，根呈圆柱形。表面棕红色或淡棕色，有光泽。质坚实。无细腿、破疤、黄皮、虫蛀。断面角质样。气香，味苦。每500g 32支以内，每支15.6g以上 |
|  | 二等 | 干货，根呈圆柱形。表面棕红色或淡棕色，稍有干疤、黄皮、抽沟。无细腿、虫蛀。断面角质样。每500g 32支以内，每支15.6g以上 |
|  | 三等 | 干货，根呈圆柱形。色泽较差。有干疤、黄皮、抽沟，腿红。无虫蛀。断面角质样。每500g 32支以内，每支15.6g以上 |
| 48普通红参 | 一等 | 干货，根呈圆柱形。表面棕红色或淡棕色，有光泽。质坚实。无细腿、破疤、黄皮、虫蛀。断面角质样。气香，味苦。每500g 48支以内，支头均匀 |
|  | 二等 | 干货，根呈圆柱形。表面棕红色或淡棕色，稍有干疤、黄皮、抽沟。无细腿、虫蛀。断面角质样。每500g 48支以内，支头均匀 |
|  | 三等 | 干货，根呈圆柱形。色泽较差。有干疤、黄皮、抽沟，腿红。无虫蛀。断面角质样。每500g 48支以内，支头均匀 |
| 64普通红参 | 一等 | 干货，根呈圆柱形。表面棕红色或淡棕色，有光泽。质坚实。无细腿、破疤、黄皮、虫蛀。断面角质样。气香，味苦。每500g 64支以内，支头均匀 |
|  | 二等 | 干货，根呈圆柱形。表面棕红色或淡棕色，稍有干疤、黄皮、抽沟。无细腿、虫蛀。断面角质样。每500g 64支以内，支头均匀 |
|  | 三等 | 干货，根呈圆柱形。色泽较差。有干疤、黄皮、抽沟，腿红。无虫蛀。断面角质样。每500g 64支以内，支头均匀 |
| 80普通红参 | 一等 | 干货，根呈圆柱形。表面棕红色或淡棕色，有光泽。质坚实。无细腿、破疤、黄皮、虫蛀。断面角质样。气香，味苦。每500g 80支以内，支头均匀 |
|  | 二等 | 干货，根呈圆柱形。表面棕红色或淡棕色，稍有干疤、黄皮、抽沟。无细腿、虫蛀。断面角质样。每500g 80支以内，支头均匀 |
|  | 三等 | 干货，根呈圆柱形。色泽较差。有干疤、黄皮、抽沟，腿红。无虫蛀。断面角质样。每500g 80支以内，支头均匀 |

续表

| 规格 | 等级 | 标准 |
|---|---|---|
| 小货普通红参 | 一等 | 干货，根呈圆柱形。表面棕红色或淡棕色，有光泽。质坚实。无细腿、破疤、黄皮、虫蛀。断面角质样。气香，味苦。支头均匀 |
| | 二等 | 干货，根呈圆柱形。表面棕红色或淡棕色，稍有干疤、黄皮、抽沟。无细腿、虫蛀。断面角质样。支头均匀 |
| | 三等 | 干货，根呈圆柱形。色泽较差。有干疤、黄皮、抽沟，腿红。无虫蛀。断面角质样。支头均匀 |

### 2. 边条红参

边条红参是由栽培7～9年的边条鲜人参按红参加工方法加工制成的。

边条红参主根呈圆柱形，芦长、身长、腿长，表面红棕色，半透明，有光泽。肩部有环纹，呈淡棕色或杂有黄色。体部偶有不透明的斑块（黄皮），纵皱纹（抽沟）较少。有2～3条支根，较粗。根茎上有茎痕7～9个。质硬而脆，断面平坦、光滑，角质样。

边条红参以每500g 所含支数为标准，分为"16边条红参""25边条红参""35边条红参""45边条红参""55边条红参""80边条红参"及"小货边条红参"7个规格，边条红参的7个规格及对支头的要求如表5-4所示，在《人参商品规格标准》中，对各个规格、等级的边条红参标准，都有具体规定（表5-5）。

表5-4　边条红参的规格及要求

| 规格 | 每500g 含有的支数 | 体长（cm） | 单支重量（g） |
|---|---|---|---|
| 16边条红参 | 16以内 | 18.3 | 31.3 |
| 25边条红参 | 25以内 | 16.7 | 20.0 |
| 35边条红参 | 35以内 | 15.0 | 14.3 |

续表

| 规格 | 每500g 含有的支数 | 体长（cm） | 单支重量（g） |
|------|------------------|-----------|--------------|
| 45边条红参 | 45以内 | 13.3 | 均匀 |
| 55边条红参 | 55以内 | 11.7 | 均匀 |
| 80边条红参 | 80以内 | 11.7 | 均匀 |
| 小货边条红参 | 80以上 | — | 均匀 |

表5-5  边条红参的规格标准

| 规格 | 等级 | 标准 | 备注 |
|------|------|------|------|
| 16边条红参 | 一等 | 干货，根呈圆柱形，芦长、身长、腿长，体长18.3cm以上，有分枝2～3个。表面棕红或淡棕色，有光泽。上部较淡，有皮有肉。质坚实，断面角质样。气香，味苦。每500g 16支以内，每支31.3 g以上。无中尾、黄皮、破疤、虫蛀、霉变、杂质 | 边条、普通红参，各个规格的二等中，有"稍有黄皮、干疤"的规定，应限于黄皮不超过身面的30%、干疤不超过身面的20%为度。如有超过者，即为三等 |
| | 二等 | 干货，根呈圆柱形，芦长、身长、腿长，体长18.3cm以上，有分枝2～3个。表面棕红或淡棕色，有光泽。稍有黄皮、抽沟、干疤。断面角质样。每500g 16支以内，每支31.3g以上。无中尾、黄皮、破疤、虫蛀、霉变、杂质 | |
| | 三等 | 干货，根呈圆柱形，芦长、身长、腿长，体长18.3cm以上，有分枝2～3个。表面棕红或淡棕色，色泽较差。有黄皮、抽沟、干疤。断面角质样。每500g 16支以内，每支31.3g以上。无中尾、黄皮、破疤、虫蛀、霉变、杂质 | |
| 25边条红参 | 一等 | 干货，根呈圆柱形，芦长、身长、腿长，体长16.7cm以上，有分枝2～3个。表面棕红或淡棕色，有光泽。上部较淡，有皮有肉。质坚实，断面角质样。气香，味苦。每500g 25支以内，每支20g以上。无中尾、黄皮、破疤、虫蛀、霉变、杂质 | |

续表

| 规格 | 等级 | 标准 | 备注 |
|------|------|------|------|
| 25边条红参 | 二等 | 干货，根呈圆柱形，芦长、身长、腿长，体长16.7cm以上，有分枝2~3个。表面棕红或淡棕色，有光泽。稍有黄皮、抽沟、干疤。断面角质样。每500g 25支以内，每支20g以上。无中尾、黄皮、破疤、虫蛀、霉变、杂质 | |
| | 三等 | 干货，根呈圆柱形，芦长、身长、腿长，体长16.7cm以上，有分枝2~3个。表面棕红或淡棕色，色泽差。有黄皮、抽沟、干疤。断面角质样。每500g 25支以内，每支20g以上。无中尾、黄皮、破疤、虫蛀、霉变、杂质 | |
| 35边条红参 | 一等 | 干货，根呈圆柱形，芦长、身长、腿长，体长15cm以上，有分枝2~3个。表面棕红或淡棕色，有光泽。上部较淡，有皮有肉。质坚实，断面角质样。气香，味苦。每500g 35支以内，每支14.3g以上。无中尾、黄皮、破疤、虫蛀、霉变、杂质 | |
| | 二等 | 干货，根呈圆柱形，芦长、身长、腿长，体长15cm以上，有分枝2~3个。表面棕红或淡棕色，有光泽。稍有黄皮、抽沟、干疤。断面角质样。每500g 35支以内，每支14.3g以上。无中尾、黄皮、破疤、虫蛀、霉变、杂质 | |
| | 三等 | 干货，根呈圆柱形，芦长、身长、腿长，体长15cm以上，有分枝2~3个。表面棕红或淡棕色，色泽差。有黄皮、抽沟、破疤、腿红。断面角质样。每500g 35支以内，每支14.3g以上。无中尾、黄皮、破疤、虫蛀、霉变、杂质 | |
| 45边条红参 | 一等 | 干货，根呈圆柱形，芦长、身长、腿长，体长13.3cm以上，有分枝2~3个。表面棕红或淡棕色，有光泽。上部较淡，有皮有肉。质坚实，断面角质样。气香，味苦。每500g 45支以内，支头均匀。无中尾、黄皮、破疤、虫蛀、霉变、杂质 | |

续表

| 规格 | 等级 | 标准 | 备注 |
|------|------|------|------|
| 45边条红参 | 二等 | 干货，根呈圆柱形，芦长、身长、腿长，体长13.3cm以上，有分枝2~3个。表面棕红或淡棕色，有光泽。稍有黄皮、抽沟、干疤。断面角质样。每500g 45支以内，支头均匀。无中尾、虫蛀、霉变、杂质 | |
| | 三等 | 干货，根呈圆柱形，芦长、身长、腿长，体长13.3cm以上，有分枝2~3个。表面棕红或淡棕色，色泽差。有黄皮、抽沟、干疤。断面角质样。每500g 45支以内，支头均匀。无中尾、虫蛀、霉变、杂质 | |
| 55边条红参 | 一等 | 干货，根呈圆柱形，芦长、身长、腿长，体长11.7 cm以上，有分枝2~3个。表面棕红或淡棕色，有光泽。上部较淡，有皮有肉。质坚实，断面角质样。气香，味苦。每500g 55支以内，支头均匀。无中尾、黄皮、破疤、虫蛀、霉变、杂质 | |
| | 二等 | 干货，根呈圆柱形，芦长、身长、腿长，体长11.7cm以上，有分枝2~3个。表面棕红或淡棕色，有光泽。稍有黄皮、抽沟、干疤。断面角质样。每500g 55支以内，支头均匀。无中尾、虫蛀、霉变、杂质 | |
| | 三等 | 干货，根呈圆柱形，芦长、身长、腿长，体长11.7cm以上，色泽差。有黄皮、抽沟、破疤，腿红。每500g 55支以内，支头均匀。无中尾、虫蛀、霉变、杂质 | |
| 80边条红参 | 一等 | 干货，根呈圆柱形，芦长、身长、腿长，体长11.7cm以上，有分枝2~3个。表面棕红或淡棕色，有光泽。上部较淡，有皮有肉。质坚实，断面角质样。气香，味苦。每500g 80支以内，支头均匀。无中尾、黄皮、破疤、虫蛀、霉变、杂质 | |

续表

| 规格 | 等级 | 标准 | 备注 |
|---|---|---|---|
| 80边条红参 | 二等 | 干货，根呈圆柱形，芦长、身长、腿长，体长11.7cm以上，有分枝2～3个。表面棕红或淡棕色，有光泽。稍有黄皮、抽沟、干疤。断面角质样。每500g 80支以内，支头均匀。无中尾、虫蛀、霉变、杂质 | |
| | 三等 | 干货，根呈圆柱形，芦长、身长、腿长，体长11.7cm以上，有分枝2～3个。表面棕红或淡棕色，色泽较差。有黄皮、抽沟、破疤，腿红。每500g 80支以内，支头均匀。无中尾、虫蛀、霉变、杂质 | |
| 小货边条红参 | 一等 | 干货，根呈圆柱形表面棕红或淡棕色，有光泽。上部较淡，有皮有肉。质坚实，断面角质样。气香、味苦。支头均匀。无中尾、黄皮、破疤、虫蛀、霉变、杂质 | |
| | 二等 | 干货，根呈圆柱形表面棕红或淡棕色，有光泽。有黄皮不超过身长的1/2。稍有抽沟、干疤。断面角质样。支头均匀。无中尾、虫蛀、霉变、杂质 | |
| | 三等 | 干货，根呈圆柱形，色泽较差。有黄皮、破疤、腿红。支头均匀。无中尾、虫蛀、霉变、杂质 | |

　　1995年3月27日国家技术监督局发布，于1995年9月1日起开始实施《红参分等质量标准》（GB/T 14417.2—1995），对红参的外观质量与内在质量，做出了具体规定（表5-6）。

表5-6　红参技术要求与分等标准

| 序号 | 项目 | 优等品 | 一等品 | 合格品 |
|---|---|---|---|---|
| 1 | 主根长（cm） | ≥7 | ≥5 | 符合《中华人民共和国药典》1990年版一部的规定 |

续表

| 序号 | 项目 | 优等品 | 一等品 | 合格品 |
|---|---|---|---|---|
| 1 | 病疤 | 无 | 个别参有，轻微 | 符合《中国药典》1990年版一部的规定 |
| | 破肚 | 无 | 个别参有，极轻微 | |
| | 生心 | 无 | 无 | |
| | 夹杂 | 无 | 无 | |
| | 芦头 | 完整 | 完整 | |
| | 空心 | 无 | 无 | |
| | 抽沟 | 无或轻微 | 有，较轻微 | |
| | 虫蛀 | 无 | 无 | |
| | 霉变 | 无 | 无 | |
| | 中尾 | 无（边条参除外） | 无（边条参除外） | |
| 2 | $Rb_1$、$Re$、$Rg_1$ 鉴别实验 | 符合《中国药典》1990年版一部的规定 | 符合《中国药典》1990年版一部的规定 | |
| 3 | 卫生检验（个/克） | 细菌总<10000 霉菌总数<500 大肠杆菌不得检出 | | |
| 4 | 水分（%） | ≤13.0 | ≤13.0 | |
| 5 | 人参总皂苷（%） | ≥2.5 | ≥2.5 | |
| 6 | 灰分（%）总灰分 酸灰分 | ≤3.5 ≤0.5 | ≤3.5 ≤0.5 | |
| 7 | 人参皂苷（%）$Rb_1$ | ≥0.4 | ≥0.4 | |
| 8 | 浸出物（%）水溶性 醇溶性 醚溶性 | ≥60.0 ≥10 ≥0.5 | ≥55.0 ≥10 ≥0.5 | |

续表

| 序号 | 项目 | | 优等品 | 一等品 | 合格品 |
|---|---|---|---|---|---|
| 9 | 农药残留（μg/g） | 六六六 | ≤0.10 | ≤0.10 | |
| | | DDT | ≤0.01 | ≤0.01 | |
| | | PCNB | ≤0.10 | ≤0.10 | |
| 10 | 有害元素（μg/g） | Pb | ≤1.0 | ≤1.0 | |
| | | Cd | ≤0.5 | ≤0.5 | |
| | | As | ≤1.0 | ≤1.0 | |
| | | Hg | ≤0.06 | ≤0.06 | |

### 3. 红参须

在红参加工工艺中以蒸制前后为界，有"先下须"和"后下须"之分。前者是把加工红参原料鲜人参的支根、芋、须剪下；后者是蒸制后经过干燥把红参须剪下。对剪下的鲜人参须，如同加工红参一样，经过蒸制、干燥后制成红参须。在《人参商品规格标准》中，依据红参须的长度和形状，将其划分为红直须、红混须、红弯须（表5-7）。

表5-7　红参须的规格标准

| 规格 | 等级 | 标准 | 备注 |
|---|---|---|---|
| 红直须 | 一等 | 干货，根须呈长条形，粗壮均匀。棕红色或橙红色，有光泽，呈半透明状。断面角质。气香，味苦。长13.3cm以上。无干浆，毛须，无杂质、虫蛀、霉变 | 短于8.3cm以下的可并入红混须内 |
| 红直须 | 二等 | 干货，根须呈长条形，粗壮均匀。棕红色或橙红色，有光泽，呈半透明状。断面角质。气香，味苦。长13.3cm以下。最短不低于8.3cm。无干浆，毛须，无杂质、虫蛀、霉变 | 短于8.3cm以下的可并入红混须内 |
| 红混须 | 混装 | 干货，根须呈长条形或弯曲状。棕红色或橙红色，有光泽，呈半透明状。断面角质。气香，味苦。须条长短不分，其中直须50%以上。无碎末、杂质、虫蛀、霉变 | |

续表

| 规格 | 等级 | 标准 | 备注 |
|------|------|------|------|
| 红弯须 | 混装 | 干货，根须呈长条形或弯曲状。粗细不均。棕红色或橙红色，有光泽，呈半透明状。断面角质。气香，味苦。无碎末、杂质、虫蛀、霉变 | 短于8.3cm以下的可并入红混须内 |

### （三）生晒参

在商品人参中，生晒参是仅次于红参的大宗品种。由于生晒参生产工艺简单，应用历史最久，有一定的药效特点，所以它在人参商品流通领域中占有一定的位置。

#### 1. 须生晒参

全须生晒参完整地保留人参各个部位的特征，芦、体、须齐全。表面黄白色，有抽沟，体质较轻。断面白色或黄白色，皮层和髓部明显，常有大小不等的裂隙。商品按单支重量区分为4个等级。在《人参商品规格标准》中，列出了它的具体标准（表5-8）。

表5-8　全须生晒参的等级标准

| 规格 | 等级 | 标准 |
|------|------|------|
| 全须生晒参 | 一等 | 干货，根呈圆柱形，有分枝。体轻有抽沟，芦须全，有芋帽。表面黄白色或较深。断面黄白色。气香，味苦。每支重10g以上，绑尾或不绑。无破疤、杂质、虫蛀、霉变 |
|  | 二等 | 干货，根呈圆柱形，有分枝。体轻有抽沟，芦须全，有芋帽。表面黄白色或较深。断面黄白色。气香，味苦。每支重7.5g以上，绑尾或不绑。无破疤、杂质、虫蛀、霉变 |
|  | 三等 | 干货，根呈圆柱形，有分枝。体轻有抽沟，芦须全，有芋帽。表面黄白色或较深。断面黄白色。气香，味苦。每支重5g以上，绑尾或不绑。无破疤、杂质、虫蛀、霉变 |
|  | 四等 | 干货，根呈圆柱形，有分枝。表面黄白色或较深。有抽沟，断面黄白色。气香，味苦。大小支不分，绑尾或不绑。芋须不全，间有折断。无破疤、杂质、虫蛀、霉变 |

## 2. 生晒参

生晒参又称"光生晒"。商品按每500g 含有的支数和体表有无破疤，区分为5个等级。在《人参商品规格标准》中，对其各等级的具体标准做了具体规定（表5-9）。

表5-9　生晒参的等级标准

| 规格 | 等级 | 标准 |
| --- | --- | --- |
| 生晒参 | 一等 | 干货，根呈圆柱形，体轻有抽沟，去净芋须。表面黄白色，断面黄白色。气香，味苦。每500g 60支以内。无破疤、杂质、虫蛀、霉变 |
| | 二等 | 干货，根呈圆柱形，体轻有抽沟，去净芋须。表面黄白色，断面黄白色。气香，味苦。每500g 80支以内。无破疤、杂质、虫蛀、霉变 |
| | 三等 | 干货，根呈圆柱形，体轻有抽沟，去净芋须。表面黄白色，断面黄白色。气香，味苦。每500g 100支以内。无破疤、杂质、虫蛀、霉变 |
| 生晒参 | 四等 | 干货，根呈圆柱形，体轻有抽沟、死皮，去净芋须。表面黄白色，断面黄白色。气香，味苦。每500g 130支以内。无破疤、杂质、虫蛀、霉变 |
| | 五等 | 干货，根呈圆柱形，体轻有抽沟、死皮，去净芋须。表面黄白色，断面黄白色。气香，味苦。每500g 130支以上。无破疤、杂质、虫蛀、霉变 |

国家技术监督局发布于1995年9月1日起开始实施的《全须生晒参技术要求与分等质量标准》（GB/T 15517.3—1995），对全须生晒参的外观质量与内在质量，做出了具体规定（表5-10）。

表5-10　全须生晒参技术要求与分等标准

| 序号 | 项目 | 优等品 | 一等品 | 合格品 |
|---|---|---|---|---|
| 1 | 主根长（cm） | ≥7 | ≥5 | 符合《中国药典》1990年版一部的规定 |
| | 表面 | 黄白色，无熏硫 | 黄白色，无熏硫 | |
| | 侧根及须根 | 完全 | 较完全 | |
| | 芦头 | 完整 | 完整 | |
| | 断面 | 白色，呈粉性，树脂道明显 | 白色或淡黄白色，呈粉性，树脂道明显 | |
| | 绑尾 | 绑尾或不绑尾 | 绑尾或不绑尾 | |
| | 病疤 | 无 | 有，轻微 | |
| 1 | 破损 | 无 | 无 | 符合《中国药典》1990年版一部的规定 |
| | 红皮 | 无 | 无 | |
| | 虫蛀 | 无 | 无 | |
| | 霉变 | 无 | 无 | |
| 2 | $Rb_1$、Re、$Rg_1$ 鉴别实验 | 符合《中国药典》1990年版一部的规定 | 符合《中国药典》1990年版一部的规定 | |
| 3 | 卫生检验（个/克） | 细菌总数<10000 霉菌总数<500 大肠杆菌不得检出 | | |
| 4 | 水分（%） | ≤13.0 | ≤13.5 | |
| 5 | 人参总皂苷（%） | ≥3.0 | ≥3.0 | |
| 6 | 灰分（%）总灰分 酸灰分 | ≤3.5 ≤0.5 | ≤3.5 ≤0.5 | |
| 7 | 人参皂苷（%）$Rb_1$ | ≥0.5 | ≥0.5 | |
| 8 | 浸出物（%）水溶性 醇溶性 醚溶性 | ≥55.0 ≥15.0 ≥1.0 | ≥50.0 ≥10.0 ≥1.0 | |

续表

| 序号 | 项目 | | 优等品 | 一等品 | 合格品 |
|---|---|---|---|---|---|
| 9 | 农药残留<br>（μg/g） | 六六六 | ≤0.10 | ≤0.10 | |
| | | DDT | ≤0.01 | ≤0.01 | |
| | | PCNB | ≤0.10 | ≤0.10 | |
| 10 | 有害元素<br>（μg/g） | Pb | ≤0.5 | ≤0.10 | |
| | | Cd | ≤1.0 | ≤1.0 | |
| | | As | ≤1.0 | ≤1.0 | |
| | | Hg | ≤0.06 | ≤0.06 | |

## 三、药典标准

### （一）人参根

本品为五加科植物人参 *Panaxc ginseng* C. A. Mey. 的干燥根和根茎。多于秋季采挖，洗净经晒干或烘干。栽培的俗称"园参"；播种在山林野生状态下自然生长的称"林下山参"，习称"籽海"。

**1. 性状**

主根呈纺锤形或圆柱形，长3～15cm，直径1～2cm。表面灰黄色，上部或全体有疏浅断续的粗横纹及明显的纵皱，下部有支根2～3 条，并着生多数细长的须根，须根上常有不明显的细小疣状突出。根茎（芦头）长1～4cm，直径0.3～1.5cm，多拘挛而弯曲，具不定根（艼）和稀疏的凹窝状茎痕（芦碗）。质较硬，断面淡黄白色，显粉性，形成层环纹棕黄色，皮部有黄棕色的点状树脂道及放射状裂隙。香气特异，味微苦、甘。

或主根多与根茎近等长或较短，呈圆柱形、菱角形或人字形，长1～6cm。表面灰黄色，具纵皱纹，上部或中下部有环纹，支根多为2～3 条，须根少而细长，清晰不乱，有较明显的疣状突起。根茎细长，少数粗短，中上部具稀疏或密集而深陷的茎痕。不定根较细，多下垂。

161

2. 鉴别

（1）本品横切面木栓层为数列细胞。栓内层窄。韧皮部外侧有裂隙，内侧薄壁细胞排列较紧密，有树脂道散在，内含黄色分泌物。形成层成环。木质部射线宽广，导管单个散在或数个相聚，断续排列成放射状，导管旁偶有非木化的纤维。薄壁细胞含草酸钙簇晶。

粉末淡黄白色。树脂道碎片易见，含黄色块状分泌物。草酸钙簇晶直径20～68μm，棱角锐尖。木栓细胞表面观类方形或多角形，壁细波状弯曲。网纹导管和梯纹导管直径10～56μm。淀粉粒甚多，单粒类球形、半圆形或不规则多角形，直径4～20μm，脐点点状或裂缝状；复粒由2～6分粒组成。

（2）取本品粉末1g，加三氯甲烷40ml，加热回流1小时，弃去三氯甲烷液，药渣挥干溶剂，加水0.5ml搅拌湿润，加水饱和正丁醇10ml，超声处理30分钟，吸取上清液加3倍量氨试液，摇匀，放置分层，取上层液蒸干，残渣加甲醇1ml使溶解，作为供试品溶液。另取人参对照药材1g，同法制成对照药材溶液。再取人参皂苷Rb$_1$对照品、人参皂苷Re对照品、人参皂苷Rf对照品及人参皂苷Rg$_1$对照品，加甲醇制成每1ml各含2mg的混合溶液，作为对照品溶液。照薄层色谱法（通则0502）试验，吸取上述三种溶液各1～2ml，分别点于同一硅胶G薄层板上，以三氯甲烷-乙酸乙酯-甲醇-水（15∶40∶22∶10）10℃以下放置的下层溶液为展开剂，展开，取出，晾干，喷以10%硫酸乙醇溶液，在105℃加热至斑点显色清晰，分别置日光和紫外光灯（365nm）下检视。供试品色谱中，在与对照药材色谱和对照品色谱相应位置上，分别显相同颜色的斑点或荧光斑点。

3. 检查

水分　不得过12.0%（通则0832第二法）。

总灰分　不得过5.0%（通则2302）。

农药残留量　照农药残留量测定法（通则2341有机氯类农药残留量测定法—第二法）测定。

含总六六六（$\alpha$–BHC、$\beta$–BHC、$\gamma$–BHC、$\delta$–BHC之和）不得过0.2mg/kg；总滴滴涕（$pp'$–DDE、$pp'$–DDD、$op'$–DDT、$pp'$–DDT之和）不得过0.2mg/kg；五氯硝基苯不得过0.1mg/kg；六氯苯不得过0.1mg/kg；七氯（七氯、环氧七氯之和）不得过0.05mg/kg；艾氏剂不得过0.05mg/kg；氯丹（顺式氯丹、反式氯丹、氧化氯丹之和）不得过0.1mg/kg。

### 4. 含量测定

照高效液相色谱法（通则0512）测定。

色谱条件与系统适用性试验　以十八烷基硅烷键合硅胶为填充剂；以乙腈为流动相A，以水为流动相B，按下表中的规定进行梯度洗脱；检测波长为203nm。理论板数按人参皂苷$Rg_1$峰计算应不低于6000。

| 时间（分钟） | 流动相A（%） | 流动相B（%） |
| --- | --- | --- |
| 0～35 | 19 | 81 |
| 35～55 | 19→29 | 81→71 |
| 55～70 | 29 | 71 |
| 70～100 | 29→40 | 71→60 |

对照品溶液的制备　精密称取人参皂苷$Rg_1$对照品、人参皂苷Re对照品及人参皂苷$Rb_1$对照品，加甲醇制成每1ml各含0.2mg的混合溶液，摇匀，即得。

供试品溶液的制备　取本品粉末（过四号筛）约1g，精密称定，置索氏提取器中，加三氯甲烷加热回流3小时，弃去三氯甲烷液，药渣挥干溶剂，连同滤纸筒移入100ml锥形瓶中，精密加水饱和正丁醇50ml，密塞，放置过夜，超声处理（功率250W，频率50kHz）30分钟，滤过，弃去初滤液，精密量取续滤液25ml，置蒸发皿中蒸干，残渣加甲醇溶解并转移至5ml量瓶中，加甲醇稀释至刻度，摇匀，滤过，取续滤液，即得。

测定法　分别精密吸取对照品溶液10μl与供试品溶液10～20μl，注入液相

色谱仪，测定，即得。

本品按干燥品计算，含人参皂苷$Rg_1$（$C_{42}H_{72}O_{14}$）和人参皂苷Re（$C_{48}H_{82}O_{18}$）的总量不得少于0.30%，人参皂苷$Rb_1$（$C_{54}H_{92}O_{23}$）不得少于0.20%。

### 5. 饮片

炮制　润透，切薄片，干燥，或用时粉碎、捣碎。

人参片　本品呈圆形或类圆形薄片。外表皮灰黄色。切面淡黄白色或类白色，显粉性，形成层环纹棕黄色，皮部有黄棕色的点状树脂道及放射性裂隙。体轻，质脆。香气特异，味微苦、甘。

含量测定　同药材，含人参皂苷$Rg_1$（$C_{42}H_{72}O_{14}$）和人参皂苷Re（$C_{48}H_{82}O_{18}$）的总量不得少于0.27%，人参皂苷$Rb_1$（$C_{54}H_{92}O_{23}$）不得少于0.18%。

鉴别（除横切面外）检查　同药材。

性味与归经　甘、微苦，微温。归脾、肺、心、肾经。

功能与主治　大补元气，复脉固脱，补脾益肺，生津养血，安神益智。用于体虚欲脱，肢冷脉微，脾虚食少，肺虚喘咳，津伤口渴，内热消渴，气血亏虚，久病虚羸，惊悸失眠，阳痿宫冷。

用法与用量　3～9g，另煎兑服；也可研粉吞服，一次2g，一日2次。

注意　不宜与藜芦、五灵脂同用。

贮藏　置阴凉干燥处，密闭保存，防蛀。

## （二）人参叶

本品为五加科植物人参*Panaxc ginseng* C. A. Mey. 的干燥叶；秋季采收，晾干或烘干。

### 1. 性状

本品常扎成小把，呈束状或扇状，长12～35cm。掌状复叶带有长柄，暗绿色，3～6枚轮生。小叶通常5枚，偶有7或9枚，呈卵形或倒卵形。基部的小叶长2～8cm，宽1～4cm；上部的小叶大小相近，长4～16cm，宽2～7cm。基部楔形，先端渐尖，边缘具细锯齿及刚毛，上表面叶脉生刚毛，下表面叶脉隆起。纸质，易碎。气清香，味微苦而甘。

### 2. 鉴别

（1）本品粉末黄绿色。上表皮细胞形状不规则，略呈长方形，长35～92μm，宽32～60μm，垂周壁波状或深波状。下表皮细胞与上表皮相似，略小；气孔不定式，保卫细胞长31～35μm。叶肉无栅栏组织，多由4层类圆形薄壁细胞组成，直径18～29μm，含叶绿体或草酸钙簇晶，草酸钙簇晶直径12～40μm，棱角锐尖。

（2）取本品粉末0.2g，置10ml具塞刻度试管中，加水1ml，使成湿润状态，再加以水饱和的正丁醇5ml，摇匀，室温下放置48小时，取上清液加3倍量以正丁醇饱和的水，摇匀，静置使分层（必要时离心），取上层液作为供试品溶液。另取人参皂苷Rg$_1$对照品、人参皂苷Re对照品，加乙醇制成每1ml各含2.5mg的混合溶液，作为对照品溶液。照薄层色谱法（通则0502）试验，吸取上述两种溶液各10μl，分别点于同一硅胶G薄层板上，以正丁醇-乙酸乙酯-水4：1：5的上层溶液为展开剂，展开，取出，晾干，喷以10%硫酸乙醇溶液，在105℃加热至斑点显色清晰。供试品色谱中，在与对照品色谱相应的位置上，显相同颜色的斑点。

### 3. 检查

水分　不得过12.0%（通则0832第二法）。

总灰分　不得过10.0%（通则2302）。

### 4. 含量测定

照高效液相色谱法（通则0512）测定。

色谱条件与系统适用性试验　以十八烷基硅烷键合硅胶为填充剂；以乙腈-0.05%磷酸溶液（20：80）为流动相；检测波长为203nm。理论板数按人参皂苷Re峰计算应不低于1500。

对照品溶液的制备　取人参皂苷Rg$_1$对照品、人参皂苷Re对照品适量，精

密称定，加甲醇分别制成每1 ml含人参皂苷Rg₁ 0.25mg、人参皂苷Re 0.5mg的溶液，即得。

供试品溶液的制备　取本品粉末约0.2g，精密称定，置索氏提取器中，加三氯甲烷30ml，加热回流1小时，弃去三氯甲烷液，药渣挥去三氯甲烷，加甲醇30ml，加热回流3小时，提取液低温蒸干，加水10ml使溶解，加石油醚（30～60℃）提取2次，每次10ml，弃去醚液，水液通过D101型大孔吸附树脂柱（内径为1.5cm，柱长为15cm），以水50ml洗脱，弃去水液。再用20%乙醇50ml洗脱，弃去20%乙醇洗脱液，继用80%乙醇80ml洗脱，收集洗脱液70ml，蒸干，残渣加甲醇溶解，转移至10ml量瓶中，加甲醇至刻度，摇匀，滤过，取续滤液，即得。

测定法　分别精密吸取上述两种对照品溶液与供试品溶液各10μl，注入液相色谱仪，测定，即得。

本品含人参皂苷Rg₁（$C_{42}H_{72}O_{14}$）和人参皂苷Re（$C_{48}H_{82}O_{18}$）的总量不得少于2.25%。

性味与归经　苦、甘、寒。归肺、胃经。

功能与主治　补气，益肺，祛暑，生津。用于气虚咳嗽，暑热烦躁，津伤口渴，头目不清，四肢倦乏。

用法与用量　3～9g。

注意　不宜与藜芦、五灵脂同用。

贮藏　置阴凉干燥处，防潮。

## 四、质量评价

### 1. 性状鉴定

（1）生晒参　根呈圆柱或纺锤形，中部常分成2～5条支根，长5～20cm，主根直径1～2（3）cm；表面淡黄棕色至淡灰棕色，有明显的纵皱纹及细根断

痕，主根上部或全体有断续的粗横纹，支根尚有少数横长皮孔。主根顶端带有根茎（习称芦头），长1～4cm，直径0.3～0.5cm，上凹窝状茎痕（习称芦碗）1至数个，交互排列，全须生晒参的支根下部尚有多数细长的须状根，其上偶有不明显的细小疣状突起（习称珍珠点）。主根质硬，折断面平坦，淡黄白色，皮部有多数放射状裂隙，并可见有黄棕色点状树脂道散布。气微香而特异；味初淡，后稍苦。

（2）红参　根形与生晒参相似，但无细根。外观棕红色，半透明，也外皮土黄色而不透明，表面有纵沟、皱纹及细根断痕，上部可见环纹。质硬而脆，折断而平坦，角质样，中心部色较浅。

（3）生晒山参　主根粗短，多具两个支根而呈人字形圆柱形，长2～10cm，直径1～2cm。表面灰黄色，有纵皱纹，上部有明显的细密螺旋纹。主根顶端有细长根茎，常与主根等长或更长，具密集的碗状茎痕，靠近主根的一段根茎较光滑而无茎痕，称为"圆芦"。支根上生有稀疏细长的须状根，长为参体的1～2倍，上有明显的疣状突起。新鲜野山参根部表面黄白色。

均以条粗、质硬、完整者为佳。

### 2. 显微鉴别

（1）主根（直径约1cm）横切面　木栓层为数列棕色的木栓细胞，其内侧有数列栓内层细胞。韧皮部外侧射线中常有径向的裂隙，并可见颓废筛管组织，韧皮中内侧细胞较小而排列紧密。每个韧皮束中有树脂道3～5个径向稀疏排列成一行，整个主根树脂道稀疏环列成3～5层，树脂道内含金黄色或棕黄色树脂团块，周围有数个分泌细胞环绕。形成层成环。木射线宽广，木质部束狭窄。导管多成单列，径向稀疏排列。本品薄壁细胞中均含有多数细小淀粉粒。草酸钙簇晶存在于栓内层及木薄壁细胞与木射线中。红参中的淀粉粒均已糊化。

（2）粉末淡黄色（生晒参）或红棕色（红参）　树脂道碎片，内径34～60～110μm，含金黄色或棕黄色树脂团块；草酸钙簇晶，直径20～68μm，

棱角锐尖；淀粉粒极多，单粒类球形，直径2～20μm，脐点点状，裂隙状或三叉状；复粒由2～6个分粒组成。红参中淀粉已糊化，形状不规则；木栓细胞类方形或多角形，壁薄，细波状弯曲；导管以网纹、梯纹者较多见，螺纹导管较少，直径17～50μm。如掺有芦头部分，则尚可见细长的木纤维，宽10～18～26μm，壁厚，木化，有多数棱形纹孔。

### 3. 理化鉴定

取本品粉末约0.5g，加乙醇5ml，振摇5分钟，过滤。取滤液少量，置蒸发皿中蒸干，滴加三氯化锑三氯甲烷饱和溶液，再蒸干，呈紫色（甾萜类反应）。

薄层色谱 总皂苷样品制备 取人参粉末（40目）2g，加甲醇25ml，放置过夜，加热回流6小时，放冷，过滤，取滤液12.5ml（相当生药1g），蒸干，溶于水15ml中，用乙醚提取2～3次，醚液弃去，水层再用水饱和的正丁醇提取4次，合并正丁醇液，用水洗2～3次，最后将正丁醇减压浓缩至干，即得纯化总皂苷，溶于甲醇2ml中，吸取10μl点样。吸附剂：硅胶G（北京化工厂）加水（2：5）湿法铺板，105℃活化40分钟。展开剂：正丁醇-乙酸乙酯-水（4：1：5）。展距11cm。显色剂：硫酸-水（1：1）喷雾。以人参皂苷Rd、Re、$Rg_1$为对照，同时点样展开，显色后，105℃烤10分钟，斑点显不同程度紫色，在365nm紫外灯下观察，可见有7～8个斑点，其中有三个斑点与对照品人参皂苷Rd、Re、$Rg_1$相对应。其余斑点未用标准品对照，但根据文献所载图谱对照，由下往上依次为Ro、Ra、Rb、Rc、Rd、Re、Rf（浅）、$Rg_1$。皂苷元样品制备：取人参粉末（40目）1g，加7%硫酸的乙醇-水（1：3）溶液10ml，加热回流2小时，放冷后，用三氯甲烷振摇提取三次（10，5，5ml），三氯甲烷液以水振摇洗涤后，用无水硫酸钠脱水，过滤，三氯甲烷液蒸干，以甲醇1ml溶解，吸取10μl点样。以人参三醇、硫酸-水（1：1）喷雾后，于105℃烘烤显色。本品应显一个以上斑点，其中应有与人参三醇、人参二醇、齐墩果酸相对应的斑点各一点。

4. **化学质量评价**

（1）人参皂苷的含量测定　利用高效液相色谱法，对按照GAP和SOP操作规程栽培生产的人参与已确定的标准人参药材进行比较，其人参总皂苷含量应在规定的范围内。人参皂苷含量过低则质量不合格，且各单位皂苷含量也应与标准人参药材相符。

通常情况下，人参产品标准化指标以人参皂苷总量同$Rb_1/Rg_1$比例作为依据。亚洲人参的特点为$Rb_1/Rg_1$比值在1～3，西洋参的特点为$Rb_1/Rg_1$得到的比值结果在10以上。同时，对于人参的种类鉴别方法可采用是否存在标记化合物的方式进行。对于西洋参的鉴别可利用人参皂苷Rf识别，同时将掺假现象排除。根据大量的研究结果显示，采取相异的方式，也会对定量结果产生不同的影响。在主根上总人参皂苷含量为0.2%～2%，同时人参须的含量为4%～9%，在西洋参中含有4%～10%的总人参皂苷。即使人参皂苷重要的来源为人参根，但同样的在人参浆果内以及叶里也存在较多的人参皂苷成分。

人参皂苷总量采用$Rb_1+Rb_2+Rc+Re+Rg_1+Rd$方式进行计算，测定的方法以高效液相色谱–紫外法进行，对于西洋参根人参皂苷量的标准应在4%以上，且提取物人参皂苷量应在10%以上。应用测定西洋参的方式，人参根的质量标准为超过0.1% $Rb_1$和0.2% $Rg_1$。此外，利用不同方式的高效液相色谱–紫外检测方法对人参皂苷$Rb_1$、$Rb_2$、$Rg_1$、Rc、Re和Rd进行分析，结果为其量多于3%。

（2）指纹图谱人参的综合质量评价　有效成分的含量和成分的差异在其指纹图谱上均有明显表示。根据其样品的图谱与人参标准药材图谱进行比较，可以确定其质量优劣。

（3）色谱鉴别　人参样品与标准人参药材或标准品进行对比，用以定性。

5. **其他总浸出物总量控制**

不同极性浸出物、部分质量控制、农药残留检测、重金属检测、杂质检查、水分测定、灰分测定等项为《中国药典》方法。

# 第6章

## 人参现代研究与应用

## 一、化学成分

人参中含有皂苷类，糖类，挥发性成分，有机酸及其酯，蛋白质，酶类，甾醇及其苷，多肽类，含氮化合物，木脂素，黄酮类，维生素类，无机元素等成分。其中主要有效成分为人参皂苷和人参多糖。人参皂苷是人参所含的最为重要的一类生理活性物质，约占人参组成的3%。中外学者已从生晒参、白参、红参中分离鉴定了50余种人参皂苷。

### 1. 皂苷类

（1）齐墩果酸（OA）类　人参皂苷Ro。

（2）原人参二醇（PPD）类　人参皂苷$Ra_1$、$Ra_2$、$Ra_3$、$Rb_1$、$Rb_2$、$Rb_3$、Rc、Rd、$Rg_3$、$Rh_2$、$Rs_1$、$Rs_2$，丙二酰基人参皂苷$Rb_1$、$Rb_2$、Rc、Rd，三七皂苷$R_4$，西洋参皂苷$R_1$，20（S）-人参皂苷$Rg_3$，20（R）-人参皂苷$Rh_2$，20（S）-人参皂苷$Rh_2$。

（3）原人参三醇（PPT）类　人参皂苷Re、Rf、$Rg_1$、$Rg_2$、$Rh_1$、$Rh_3$、$Rf_1$，20-葡萄糖基人参皂苷Rf，20（R）-人参皂苷$Rg_2$，20（R）-人参皂苷$Rh_1$，三七人参皂苷$R_1$，假人参皂苷$R_{11}$、$Rp_1$、$Rt_1$，chikusetsusaponin Ⅳ和Ⅳa，20（R）原人参三醇。

### 2. 多糖

人参含有的糖类成分主要有单糖、低聚糖和多糖，有一定生理活性的人参类成分为人参多糖。随着人参多糖增强免疫、抗肿瘤等生理功能的发现，对人参多糖的研究也日益深入，从人参果胶中分出的有生理活性的多糖有SA、SB、PA、PN等。目前已分离纯化的人参多糖有数十种。从来源上看，这些多糖可分为人参根多糖和人参茎叶多糖。其中人参根多糖主要含有酸性杂多糖和葡萄糖，而人参叶主要含有酸性杂多糖，这些杂多糖作为结构多糖存在于细胞壁，主要由半乳糖醛酸、半乳糖、鼠李糖和阿拉伯糖（Ara）构成，结构十分复杂。

### 3. 挥发油

从人参挥发性成分中鉴定了90余种化合物，认为其中榄香烯、金合欢烯等8~9个化合物是活性成分。人参根、茎叶及花蕾各部分挥发油不仅含量不同而且性状和化学组成也各不相同。人参中的挥发油成分主要由倍半萜类、长链饱和羧酸以及少量的芳香烃类物质组成，其中最重要的成分是倍半萜类，如吉林生晒参、吉林红参和高丽红参中的挥发油均以此为主，分别占各自挥发油总量的46%、42.5%和38.8%。相对于挥发油中的长链饱和羧酸和芳香烃类物质，人参中的倍半萜类物质在生理活性方面也发挥着更为重要的作用。倍半萜是一类由三个异戊二烯单元组合的萜类化合物。人参中所含的倍半萜类化合物主要有反式-$\beta$-金合欢烯、$\beta$-芹子烯、$\alpha$-古芸烯、$\beta$-榄香烯、$\beta$-愈创烯、艾里莫酚烯等十多种。此处，在人参中发现的挥发性成分还有正十四碳酸、正十五碳酸、棕榈酸、3，3-二甲基己烷、正十七烷、2，7-二甲基辛烷、1-乙基-3-异丙基苯等几十种羧酸类和烃类化合物。

### 4. 其他成分

从人参根中分离鉴定了水杨酸胺、麦芽酚及其葡萄糖苷，10种有机酸和非皂苷类的水溶性苷等。人参中含有12种以上生物碱，如N9-formyl、harman、norharman、腺苷、精胺、胆碱等。人参中含有少量的氨基酸和多肽，其中人参根所含的氨基酸主要有精氨酸、赖氨酸、丙氨酸、丝氨酸、酪氨酸、脯氨酸、甘氨酸、谷氨酸、苏氨酸、亮氨酸、异亮氨酸、天冬氨酸、苯丙氨酸、组氨酸等20种以上的氨基酸，其中有些是人体所必需的氨基酸。人参中氨基酸的种类和数量随人参的品种、产地、参龄以及人参部位的不同而异。此外还含有具有生物活性的低聚肽及多肽等成分。除上述成分外，人参中还含有多种对人体有益的微量元素、维生素及酶类物质。人参茎叶中还有山柰酚、三叶豆苷、人参黄酮苷等黄酮类化合物以及酚酸类、甾醇类成分。

## 二、药理作用

### 1. 皂苷类成分的药理作用

（1）抗肿瘤作用　人参皂苷的抗肿瘤作用受母核影响由强到弱：原人参三醇类＞原人参二醇类＞齐墩果酸类；受糖基影响由强到弱：苷元＞单糖苷＞二糖苷＞三糖苷＞四糖苷；受 $C_{20}$ 构型影响由强到弱：20（R）−人参皂苷＞20（S）−人参皂苷。人参皂苷的多种成分具有显著的抗肿瘤作用。

人参皂苷 $Rg_3$ 具有以下抗肿瘤作用：①抑制肿瘤血管生成：$Rg_3$ 通过抑制肿瘤细胞有丝分裂前期蛋白质、RNA、DNA的合成，抑制细胞周期通路，从而使DNA的复制及生长和修复信号受到影响。辛颖等发现 $Rg_3$ 能阻滞肿瘤细胞进入分裂期，抑制肿瘤内血管生成，从而抑制B16黑色素瘤生长。$Rg_3$ 能降低低氧状态下Eca−109 和 786−0两种细胞株中转录激活因子3（STAT3）的磷酸化作用，也能抑制低氧状态下细胞外信号调节激酶（ERK）1/2和c−JUN氨基末端激酶（JNK）的磷酸化作用，从而抑制肿瘤细胞的增殖与生长。②诱导肿瘤细胞凋亡：Son等发现 $Rg_3$ 能杀死B16F10黑素瘤细胞，并能刺激淋巴细胞产生肿瘤坏死因子α（TNF−α）、γ−干扰素（IFN−γ）、转化生长因子β（TGF−β）等多种细胞因子，诱导Lewis肺癌细胞凋亡，使其失去免疫原性。③抑制肿瘤细胞增殖：$Rg_3$ 可下调胰腺癌细胞PANC−1 中原癌基因 Pim−3 和磷酸化蛋白pBad（Ser112）、pBad（Ser136）的表达，从而起到抑制PANC−1 细胞增殖、诱导其凋亡的作用。

人参皂苷 $Rh_2$ 具有以下抗肿瘤作用：①20（S）−Rh2能通过线粒体途径释放细胞色素，上调促凋亡蛋白cleaved caspase−9 和cleaved caspase−3 的表达，从而诱导人Reh细胞凋亡。②抑制人喉癌细胞株Hep−2生长增殖，阻滞细胞分裂，使其滞留于 $G_1$/S期，使细胞DNA合成受阻。③抑制肝癌细胞SMMC−7721的增殖，并诱导其分化。人参皂苷Rp1能抑制乳腺肿瘤细胞增殖并抑制集落形成，此外还通过抑制胰岛素样生长因子1受体通路来降低癌症细胞的增殖。

（2）对神经系统作用　人参用药时神经系统的功能状态、剂量大小及成分的不同可产生明显的镇静和兴奋双向作用。人参皂苷$Rg_1$可调节脑内神经递质水平，调节脑内重要蛋白质，保护其他神经元。研究发现，$Rg_1$可激活钙/钙调素依赖性蛋白激酶Ⅱ（CaMKⅡ），继而增加突触蛋白1的磷酸化水平，而突触蛋白1可作为神经元之间信息传递的下游效应因子发挥作用，最终通过改善神经系统神经介质的释放来改善学习和记忆能力。$Rg_1$与其代谢产物$Rh_1$都能增强记忆受损模型小鼠的记忆功能。而人参皂苷$Rg_2$能增强缺血再灌注损伤模型小鼠神经系统的记忆能力和性能，这是通过调控与细胞凋亡相关的蛋白质表达来实现的。另外，人参皂苷Rb和Rc的混合物可安定中枢神经系统。

（3）对心脑血管作用　人参皂苷具有控制心律失常、控制心肌肥厚、抑制心肌细胞凋亡、改善心肌缺血、保护血管内皮细胞等药理作用。人参皂苷Re通过激活$5'$-磷酸腺苷依赖的蛋白激酶（AMPK）来改善高脂血症和高血糖，并对Ⅱ型糖尿病患者的胰岛素抵抗和血脂异常症状产生有利影响。人参皂苷Rd能减少胆固醇的积累，使动脉粥样硬化受阻。

（4）免疫调节作用　杨逸等实验发现，人参皂苷$Rg_1$能在一定程度上保护小鼠免疫性肝损伤，其机制可能是减少了炎性细胞因子的释放，减轻了T淋巴细胞毒性作用。$Rg_1$能通过体液免疫和细胞免疫提高对弓形虫重组表面抗原（rSAG1）诱导的免疫反应，并能通过平衡免疫反应来增强小鼠对卵清蛋白的特异性免疫应答。

（5）其他作用　人参皂苷在保护肝脏、延缓衰老、促骨形成等方面也发挥着重要的作用。

**2. 多糖类成分的药理作用**

（1）抗肿瘤作用　人参多糖对多种肿瘤细胞有抑制增殖和诱导杀伤作用，主要表现在：①抑制肿瘤细胞增殖：抑制肿瘤细胞进入细胞分裂期，使处于分裂间期的细胞数目增加，抑制肿瘤的生长。Cheng等用MTT法检测多糖对人类

结肠癌细胞HT-29增殖的影响，发现RG-I+HG型果胶和HG型果胶对肿瘤细胞的生长有显著抑制作用，其活性呈浓度依赖性。②抑制肿瘤细胞转移：基质金属蛋白酶2（MMP-2）和基质金属蛋白酶9（MMP-9）通过降解明胶及基底膜胶原，降低细胞与基质间的黏附，从而为肿瘤的迁移、侵袭和转移提供基础。罗莹等将人乳腺癌细胞MCF-7用人参糖注射液处理后，MMP-2、MMP-9表达水平显著降低，并呈剂量及时间依赖性。③诱导细胞因子产生：人参多糖杀伤肿瘤细胞的作用是通过诱导生成多种细胞因子来实现的。倪维华等进行的免疫指标检测显示中性糖和果胶多糖单独或联合使用时均能刺激淋巴细胞增殖，提高自然杀伤（NK）细胞的细胞毒活性，增加血清中细胞因子〔TNF-α、白介素1（IL-1）和IL-6〕水平。④诱导肿瘤细胞凋亡：罗英豪等用MTT法及免疫细胞化学法检测白血病细胞K562中P-P38蛋白质定位及表达量的变化，结果表明多糖能诱导K562细胞凋亡，其机制可能是通过激活丝裂原活化蛋白激酶（MAPK）信号转导通路，使P-P38转移到胞核内来实现的。⑤增强免疫间接抑制：任明等通过细胞毒性T细胞（CTL）实验发现人参多糖可激活T细胞释放细胞毒性乳酸脱氢酶（LDH），使肿瘤细胞的生长受到间接的抑制。

（2）免疫调节作用　人参多糖能显著提升小鼠免疫器官质量；能促进脾淋巴细胞增殖，尤以酸性糖级分GPA-4刺激作用最强；能使小鼠腹腔巨噬细胞和外周血中性粒细胞的吞噬能力得到增强；能显著提高和维持新甲型H1N1流感病毒灭活疫苗特异性IgG抗体滴度，同时提高IgM抗体水平，具有免疫增强作用。

张旭、倪维华等对人参果胶的结构与免疫活性的关系进行了探讨。人参多糖可促进正常小鼠T、B脾淋巴细胞增殖，增强巨噬细胞吞噬、生成NO和细胞因子（TNF-α、IL-1和IL-6）的能力。张旭认为中性糖的免疫调节活性稍高于酸性糖，倪维华认为酸性糖对吞噬细胞的吞噬活性效果最好，且3种果胶免疫活性顺序为AG型＞RG-Ⅰ型＞HG型。

（3）降血糖作用　人参多糖能调节糖脂代谢、预防代谢综合征，并对胰岛细胞有保护作用。陈艳等研究发现，人参果胶降血糖作用显著，推测可能是人参果胶刺激血液中胰岛素和肝脏中肝糖原含量升高，明显增加血液中超氧化物歧化酶的活性，降低丙二醛含量。Murthy通过体内外实验验证了人参水提物能显著降低糖尿病大鼠的血糖、总胆固醇和甘油三酯含量的结论。

（4）抗氧化作用　人参多糖有明显的抗氧化活性，且酸性多糖活性强于中性多糖。其机制可能是多糖有潜在的益生元活性，能抑制血清及肝组织中丙二醛的形成，提高超氧化物歧化酶（SOD）等抗氧化酶活性及总抗氧化能力。RG-Ⅰ型＞HG型。

（5）其他作用　除上述活性外，人参多糖还有抗流感、抗疲劳、抗辐射等多种功效。

#### 3. 脂溶性成分药理作用

虽然人参中脂溶性成分较少，但仍有研究表明该类化合物在神经系统、心血管系统及抗肿瘤方面表现较强活性。人参醚溶成分发挥主要作用的是一种聚乙炔类化合物——人参炔醇，其具有较广的药理活性。段贤春发现，人参炔醇对氧糖剥夺损伤的PC12细胞具有保护作用，其机制可能是减少了乳酸脱氢酶的释放，抑制了细胞的凋亡、坏死，从而起到保护缺血性损伤神经细胞的作用。蒋丽萍等发现人参炔醇能降低$Ca^{2+}$浓度，抑制mtTF1mRNA表达，从而显示出抗血管平滑肌细胞增殖的作用，为治疗心血管疾病提供了新思路。李杰研究了人参聚乙炔醇的抗肿瘤活性，结果显示其对肺癌细胞株A549有较强抑制作用，低浓度表现为非细胞毒介导的生长抑制效应，高浓度表现为细胞毒作用。

## 三、应用

### （一）人参的临床应用

（1）治疗心血管疾病　人参对高血压病、心肌营养不良、冠状动脉硬化、心绞痛等都有一定的治疗作用，可以减轻各种症状。小剂量能升高血压，大剂量能降低血压。

（2）治疗胃和肝脏疾病　对慢性胃炎伴有胃酸缺乏、胃酸过低，服用后可使胃容纳增加，症状减轻或消失，但对胃液分泌及胃液酸度无明显影响。急性传染性肝炎患者，在一定的治疗条件下，服用人参对防止转化为慢性肝炎有一定的意义。

（3）治疗糖尿病　人参能改变糖尿病患者的一般情况，但不改变血糖过高的程度。人参可使轻度糖尿病患者尿糖减少，停药后可维持两周以上；中度糖尿病患者服用后，虽然降低血糖作用不明显，但多数全身症状有所改善，如消渴、虚弱等症状消失或减轻。

（4）治疗神经衰弱　人参对神经系统有显著的兴奋作用，能提高机体活动能力、减轻机体疲劳，对不同类型的神经衰弱有一定的疗效。可使患者体重增加，消除和减轻全身无力、头痛、失眠等症状。此外，人参还有提高视力及增强视觉暗适应的作用。人参还可以治疗抑郁型和无力型精神病，无论病因如何均有治疗效果。

（5）抗肿瘤　人参中的人参皂苷、人参多糖、人参烯醇类、人参炔三醇和挥发油类物质。这些物质对肿瘤有一定的抑制作用，但是机制是十分复杂的。

（6）抗氧化　人参中含有多种抗氧化物质，人参皂苷、人参聚乙炔类化合物和人参二醇皂苷等。这些化合物有抗脂质过氧化作用，是抗衰老作用的基础。除了抗衰老作用外，对神经、内分泌、免疫功能及物质代谢等生理功能有调节作用。

此外，人参还具有抗病毒、抗休克、减肥等多方面的作用。

（二）使用中药人参的注意事项

（1）人参中的中枢神经兴奋作用，会使大脑皮层兴奋与抑制平衡失调，引起中枢神经兴奋和刺激症状，可使睡眠障碍者加重病情，凡失眠及神经衰弱、癔病、狂躁症、精神分裂症患者，不宜服用人参；人参皂苷大剂量服用能抑制中枢神经系统，婴幼儿、老年人不宜大剂量服用 。

（2）人参有促进红细胞生长的作用，红细胞增多会使血液黏稠度增高，人参有扩张冠状动脉、脑血管、眼底血管的作用，可引起血压升高，血压升高会增加脑血管和眼底血管出血的危险性，或发生高血压危象，故冠心病、心律失常、高血压患者慎服此药。

（3）人参治疗糖尿病虽然有许多益处，但人参性温，适用寒证，人参只能作为糖尿病的辅助性治疗，故糖尿病患者应在医师和药师指导下服用人参，依据病情选择最佳治疗方案。

（4）人参有抗利尿作用，肾功能不全或者有浮肿的患者不宜服用，痛风患者体液和体内尿酸浓度较高，人参进入体内与之相遇后，有效成分被尿酸破坏而失去作用，故痛风患者不宜使用人参。

（5）人参能保护胃肠部的幽门螺杆菌，增加胃病发病率和胆道结石发病率，所以胃肠和结石患者应慎用。

（6）人参是滋补强壮药物，对于儿童、妊娠期和哺乳期妇女，还没有可靠的研究数据表明其安全性，因此不建议此人群使用人参及其制剂。

（7）人参忌与抗凝剂、强心苷、镇静剂、类固醇等药物同时服用，人参与这些药物易产生拮抗或协同作用；人参有稀释血液的功能，故与贫血药合用易使病情恶化；人参不宜与维生素C、烟酸、谷氨酸、胃酶合剂等酸性药物联用，可使上述药物分解，药效降低；阿司匹林对胃黏膜有刺激作用，不宜与人参同时服用。

（8）人参服用后忌吃萝卜、绿豆和各种海味，人参忌用强碱性食物如葡萄、茶叶、葡萄酒、海带芽、海带等，以免影响人参作用。

（三）人参在洗发液、沐浴液、洗面奶配制中的应用

人参的上述活性成分和营养，许多对营养头皮，改善发质、滋润皮肤能起到很多中草药所不具备的疗效。如能将人参应用在洗发液、沐浴液、洗面奶配制中，人们在使用洗发液的过程中就会使人参的营养成分让头皮和发根吸收，将有效地促进头发的生长和护理。而使用沐浴液、洗面奶的过程中就会使人参营养成分让皮肤吸收，有效的是皮肤长久保湿滋润。

### 1. 人参皂苷的表面活性作用

洗发液、沐浴液、洗面奶起主要作用的是表面活性剂，而可用于洗发液、沐浴液、洗面奶的表面活性剂则很少。目前，完全新型的表面活性剂开发较少，而加以改良者为数较多，改良的方向主要在于安全性方面，对人体无害，对皮肤无刺激。"皂苷"是广泛地存在于植物界的一类复杂的化合物，因其有较大的表面活性，在水中振荡时可产生胶状的溶液和许多持续性泡沫，故名"皂苷"。作为人参最主要的有效成分的人参皂苷，在作为洗发液、沐浴液、洗面奶的表面活性剂使用时，不仅对皮肤刺激会很小，而且对人类的神经系统有明显的调节作用，起到安神益智的作用。小剂量的人参皂苷，可以兴奋大脑皮质，促进和加强人的记忆和学习能力。如何将人参皂苷最大程度地溶于洗发液、沐浴液、洗面奶液体中是目前生物提取技术研究的重点，已经取得不少的研究成果。

### 2. 人参的多种维生素和微量元素对洗发效果的影响

头发的生长需要多种维生素和微量元素，维生素和微量元素的缺乏常导致头发的枯燥和分叉。人参内含有维生素$B_1$、$B_2$、$B_{12}$、C及烟酸、泛酸、叶酸、生物素等多种维生素以及锌、铁、铜、钾、钙、锶、锗、砷等在内的20多种微量元素。在香波的配制中加入人参的这些维生素和微量元素，使其有效地渗入发根和头皮细胞，对增加头发和头皮的营养，促进头发的生长会大有裨益。人参也是所有中草药中锗元素含量很高的，现代研究表明，锗可以促进头皮细胞新生，增加细胞分裂次数，富有活力的头皮细胞能延缓头发衰老。

### 3. 人参的活性成分对保护头皮的作用

20多种氨基酸及130多种挥发成分是人参中含有的重要的活性成分。人参多糖也是人参中非常重要的活性成分，它可以帮助生物体有效抵抗X线等放射线产生的放射性损伤，所以使人参多糖成为洗发液的一种有效成分，就可以使头发和头皮在夏日里抵抗阳光紫外线的强烈刺激，防止烈日所引起的脱发等头发问题。很多临床试验也表明，人参多糖可以用来增强机体免疫功能。

### （四）人参综合利用的途径

人参茎、叶、花、果及人参加工副产品所含的有效成分及药理作用与参根基本相同，具有广泛的应用价值。除用于药物以外，还深入到食品、饮料、化妆品等领域，现已开发出许多含有人参成分的系列产品投放市场。人参综合利用上大体有以下几大途径。

**1. 医疗保健品类**

已开发出的品种有：人参膏、人参茎叶皂苷、人参皂苷片、人参茎叶胶囊、活力源、活力宝、人参生命源、万寿灵、肝复康、维肝福康、人参多糖胶囊、胃康灵、人参果皂苷口服液、远东灵药等。

**2. 食品饮料类**

已开发出的品种有：人参晶、人参花晶、参花晶、人参果冲剂、人参花精、人参花露、人参蜜浆、人参露酒、参花啤酒、人参汽水、人参可乐、人参茶、人参花茶、人参糖、人参面包、人参饼干等。

**3. 美容化妆品类**

已开发出的品种有：人参雪花膏、人参润肤膏、人参营养霜、参果露、人参护肤霜、人参奶液、人参营养防皱霜、人参晚露、人参香水、人参香脂、人参洗发液、人参洗发露、人参生发等。

卫生部于2011年批准吉林省开展人参"药食同源"试点工作，并于2012年9月4日发布公告，批准人工种植的人参为新资源食品。实现药食同源极大地拓宽了人参的消费市场，使其在食品、保健品、化妆品等新领域呈现出广阔的前景。

# 附录一　环境空气质量标准

（中华人民共和国国家标准　GB 3095—1996

Ambient air quality standard ）

## 1．主题内容与适用范围

本标准规定了环境空气质量功能区划分、标准分级、污染物项目、取值时间及浓度限值，采样与分析方法及数据统计的有效性规定。

本标准适用于全国范围的环境空气质量评价。

## 2．引用标准

GB/T 15262 空气质量　二氧化硫的测定　甲醛吸收副玫瑰苯胺分光光度法

GB 8970 空气质量　二氧化硫的测定　四氯汞盐副玫瑰苯胺分光光度法

GB/T 15432 环境空气　总悬浮颗粒物测定　重量法

GB 6921 空气质量　大气飘尘浓度测定方法

GB/T 15436 环境空气　氮氧化物的测定　Saltzman法

GB/T 15435 环境空气　二氧化氮的测定　Saltzman法

GB/T 15437 环境空气　臭氧的测定　靛蓝二磺酸钠分光光度法

GB/T 15438 环境空气　臭氧的测定　紫外光度法

GB 9801 空气质量　一氧化碳的测定　非分散红外法

GB 8971 空气质量　飘尘中苯并［α］芘的测定　乙酰化滤纸层析荧光分光光度法

GB/T 15439 环境空气　苯并［α］芘的测定　高效液相色谱法

GB/T 15264 环境空气　铅的测定　火焰原子吸收分光光度法

GB/T 15434 环境空气　氟化物质量浓度的测定　滤膜氟离子选择电极法

GB/T 15433 环境空气　氟化物的测定　石灰滤纸氟离子选择电极法

### 3. 定义

3.1　总悬浮颗粒物（TSP）：指能悬浮在空气中，空气动力学当量直径≤100μm的颗粒物。

3.2　可吸入颗粒物（PM$_{10}$）：指悬浮在空气中，空气动力学当量直径≤10μm的颗粒物。

3.3　氮氧化物（以NO$_2$计）：指空气中主要以一氧化氮和二氧化氮形式存在的氮的氧化物。

3.4　铅（Pb）：指存在于总悬浮颗粒物中的铅及其化合物。

3.5　苯并［α］芘（B［α］P）：指存在于可吸入颗粒物中的苯并［α］芘。

3.6　氟化物（以F计）：以气态及颗粒态形式存在的无机氟化物。

3.7　年平均：指任何一年的日平均浓度的算术均值。

3.8　季平均：指任何一季的日平均浓度的算术均值。

3.9　月平均：指任何一月的日平均浓度的算术均值。

3.10　日平均：指任何一日的平均浓度。

3.11　1小时平均：指任何1小时的平均浓度。

3.12　植物生长季平均：指任何一个植物生长季月平均浓度的算术均值。

3.13　环境空气：指人群、植物、动物和建筑物所暴露的室外空气。

3.14　标准状态：指温度为0℃，压力为101.325kPa时的状态。

### 4. 环境空气质量功能区的分类和标准分级

4.1　环境空气质量功能区分类

一类区为自然保护区、风景名胜区和其他需要特殊保护的地区。

二类区为城镇规划中确定的居住区、商业交通居民混合区、文化区、一般工业区和农村地区。

三类区为特定工业区。

4.2　环境空气质量标准分级：环境空气质量标准分为三级。

一类区执行一级标准。

二类区执行二级标准。

三类区执行三级标准。

### 5．浓度限值

本标准规定了各项污染物不允许超过的浓度限值，见附表1-1。

附表1-1　各项污染物的浓度限值

| 污染物名称 | 取值时间 | 浓度限值 | | | 浓度单位 |
|---|---|---|---|---|---|
| | | 一级标准 | 二级标准 | 三级标准 | |
| 二氧化硫<br>（$SO_2$） | 年平均 | 0.02 | 0.06 | 0.10 | mg/m³<br>（标准状态） |
| | 日平均 | 0.05 | 0.15 | 0.25 | |
| | 1小时平均 | 0.15 | 0.50 | 0.70 | |
| 总悬浮颗粒<br>物（TSP） | 年平均 | 0.08 | 0.20 | 0.30 | |
| | 日平均 | 0.12 | 0.30 | 0.50 | |
| 可吸入颗粒<br>物（$PM_{10}$） | 年平均 | 0.04 | 0.10 | 0.15 | |
| | 日平均 | 0.05 | 0.15 | 0.25 | |
| 氮氧化物<br>（$NO_x$） | 年平均 | 0.05 | 0.05 | 0.10 | |
| | 日平均 | 0.10 | 0.10 | 0.15 | |
| | 1小时平均 | 0.15 | 0.15 | 0.30 | |
| 二氧化氮<br>（$NO_2$） | 年平均 | 0.04 | 0.04 | 0.08 | |
| | 日平均 | 0.08 | 0.08 | 0.12 | |
| | 1小时平均 | 0.12 | 0.12 | 0.24 | |
| 一氧化碳<br>（CO） | 日平均 | 4.00 | 4.00 | 6.00 | mg/m³<br>（标准状态） |
| | 1小时平均 | 10.00 | 10.00 | 20.00 | |
| 臭氧（$O_3$） | 1小时平均 | 0.12 | 0.16 | 0.20 | |
| 铅（Pb） | 季平均 | | 1.50 | | |
| | 年平均 | | 1.00 | | |
| 苯并［α］芘<br>（B［α］P） | 日平均 | | 0.01 | | μg/m³（标准状态） |
| 氟化物<br>（F） | 日平均 | | 7[1] | | |
| | 1小时平均 | | 20[2] | | |
| | 月平均 | 1.8[2] | | 3.0[3] | 每天μg/dm² |
| | 植物生长季平均 | 1.2[2] | | 2.0[3] | |

注：[1]适用于城市地区；[2]适用于牧业区和以牧业为主的半农半牧区，蚕桑区；[3]适用于农业和林业区。

## 6. 监测

6.1 采样：环境空气监测中的采样点、采样环境、采样高度及采样频率的要求，按《环境监测技术规范》（大气部分）执行。

6.2 分析方法：各项污染物分析方法，见附表1-2。

附表1-2　各项污染物分析方法

| 污染物名称 | 分析方法 | 来源 |
|---|---|---|
| 二氧化硫 | （1）甲醛吸收副玫瑰苯胺分光光度法<br>（2）四氯汞盐副玫瑰苯胺分光光度法<br>（3）紫外荧光法[1] | GB/T 15262—94<br>GB 8970—88 |
| 总悬浮颗粒物 | 重量法 | GB/T 15432—95 |
| 可吸入颗粒物 | 重量法 | GB 6921—86 |
| 氮氧化物<br>（以$NO_2$计） | （1）Saltzman法<br>（2）化学发光法[2] | GB/T 15436—95 |
| 二氧化氮 | （1）Saltzman法<br>（2）化学发光法[2] | GB/T 15435—95 |
| 臭氧 | （1）靛蓝二磺酸钠分光光度法<br>（2）紫外光度法<br>（3）化学发光法[3] | GB/T 15437—95<br>GB/T 15438—95 |
| 一氧化碳 | 非分散红外法 | GB 9801—88 |
| 苯并［α］芘 | （1）乙酰化滤纸层析——荧光分光光度法<br>（2）高效液相色谱法 | GB 8971—88<br>GB/T 15439—95 |
| 铅 | 火焰原子吸收分光光度法 | GB/T 15264—94 |
| 氟化物<br>（以F计） | （1）滤膜氟离子选择电极法[4]<br>（2）石灰滤纸氟离子选择电极法[5] | GB/T 15434—95<br>GB/T 15433—95 |

注：[1][2][3]分别暂用国际标准ISO/CD 10498、ISO 7996，ISO 10313，待国家标准发布后，执行国家标准；[4]用于日平均和1小时平均标准；[5]用于月平均和植物生长季平均标准。

## 7. 数据统计的有效性规定

各项污染物数据统计的有效性规定，见附表1-3。

附表1-3　各项污染物数据统计的有效性规定

| 污染物 | 取值时间 | 数据有效性规定 |
| --- | --- | --- |
| $SO_2$，$NO_x$，$NO_2$ | 年平均 | 每年至少有分布均匀的144个日均值，每月至少有分布均匀的12个日均值 |
| TSP，$PM_{10}$，Pb | 年平均 | 每年至少有分布均匀的60个日均值，每月至少有分布均匀的5个日均值 |
| $SO_2$，$NO_x$，$NO_2$，CO | 日平均 | 每日至少有18小时的采样时间 |
| TSP，$PM_{10}$，B［α］P，Pb | 日平均 | 每日至少有12小时的采样时间 |
| $SO_2$，$NO_x$，$NO_2$，CO，$O_3$ | 1小时平均 | 每小时至少有45分钟的采样时间 |
| Pb | 季平均 | 每季至少有分布均匀的15个日均值，每月至少有分布均匀的5个日均值 |
| F | 月平均 | 每月至少采样15天以上 |
| | 植物生长季平均 | 每一个生长季至少有70%个月平均值 |
| | 日平均 | 每日至少有12小时的采样时间 |
| | 1小时平均 | 每小时至少有45分钟的采样时间 |

## 8. 标准的实施

8.1　本标准由各级环境保护行政主管部门负责监督实施。

8.2　本标准规定了小时、日、月、季和年平均浓度限值，在标准实施中各级环境保护行政主管部门应根据不同目的监督其实施。

8.3　环境空气质量功能区由地级市以上（含地级市）环境保护行政主管部门划分报同级人民政府批准实施。

# 附录二　农田灌溉水质标准

（中华人民共和国国家标准　GB 5084—2005

Standards for irrigation water quality ）

## 1. 范围

本标准规定了农田灌溉水质要求，监测和分析方法。

本标准适用于全国以地表水、地下水和处理后的养殖业废水及农产品为原料加工的工业废水作为水源的农田灌溉用水。

## 2. 规范性引用文件

下列文件中的条款通过本标准的引用而成为本标准的条款。凡是注日期的引用文件，其随后所有的修改单（不包括勘误的内容）和修订版均不适用于本标准。凡是不注明日期的引用文件，其最新版本使用于本标准。

GB/T 5750—1985 生活饮用水标准检验法

GB/T 6920 水质　pH的测定　玻璃电极法

GB/T 7467 水质　六价铬的测定　二苯碳酰二肼分光光度法

GB/T 7468 水质　总汞的测定　冷原子吸收分光光度法

GB/T 7475 水质　铜、锌、铅、镉的测定　原子吸收分光光度法

GB/T 7484 水质　氟化物的测定　离子选择电极法

GB/T 7485 水质　总砷的测定　二乙基二硫代氨基甲酸银分光光度法

GB/T 7486 水质　氰化物的测定　第一部分　总氰化物的测定

GB/T 7488 水质　五日生化需氧量（$BOD_5$）的测定　稀释与接种法

GB/T 7490 水质　挥发酚的测定　蒸馏后4–氨基安替比林分光光度法

GB/T 7494 水质　阴离子表面活性剂的测定　亚甲蓝分光光度法

GB/T 11896 水质　氯化物的测定　硝酸银滴定法

GB/T 11901 水质 悬浮物的测定 重量法

GB/T 11902 水质 硒的测定 2，3-二甲基萘荧光法

GB/T 11914 水质 化学需氧量的测定 重铬酸盐法

GB/T 11934 水源水中乙醛、丙烯醛卫生检验标准方法 气相色谱法

GB/T 11937 水源水中苯系物卫生检验标准方法 气相色谱法

GB/T 13195 水质 水温的测定 温度计或颠倒温度计测定法

GB/T 16488 水质 石油类和动植物油的测定 红外光度法

GB/T 16489 水质 硫化物的测定 亚甲基蓝分光光度法

HJ/T 49 水质 硼的测定 姜黄素分光光度法

HJ/T 50 水质 三氯乙醛的测定 吡唑啉酮分光光度法

HJ/T 51 水质 全盐的测定 重量法

NY/T 396 农田水源环境质量检测技术规范

## 3. 技术内容

3.1 农田灌溉用水水质应符合附表2-1和附表2-2的规定。

附表2-1 农田灌溉用水水质基本控制项目标准值

| 序号 | 项 目 类 别 | 作物种类 | | |
|---|---|---|---|---|
| | | 水作 | 旱作 | 蔬菜 |
| 1 | 五日生化需氧量（mg/L）≤ | 60 | 100 | 40[a]，15[b] |
| 2 | 化学需氧量（mg/L）≤ | 150 | 200 | 100[a]，60[b] |
| 3 | 悬浮物（mg/L）≤ | 80 | 100 | 60[a]，15[b] |
| 4 | 阴离子表面活性剂（mg/L）≤ | 5.0 | 8.0 | 5.0 |
| 5 | 水温（℃）≤ | | 35 | |
| 6 | pH 值 | | 5.5～8.5 | |

续表

| 序号 | 项 目 类 别 | 作物种类 | | |
|---|---|---|---|---|
| | | 水作 | 旱作 | 蔬菜 |
| 7 | 全盐量（mg/L）≤ | 1000c（非盐碱土地区）2000c（盐碱土地区） | | |
| 8 | 氯化物（mg/L）≤ | 350 | | |
| 9 | 硫化物（mg/L）≤ | 1.0 | | |
| 10 | 总汞（mg/L）≤ | 0.001 | | |
| 11 | 镉（mg/L）≤ | 0.01 | | |
| 12 | 总砷（mg/L）≤ | 0.05 | 0.1 | 0.05 |
| 13 | 铬（六价）（mg/L）≤ | 0.1 | | |
| 14 | 铅（mg/L）≤ | 0.2 | | |
| 15 | 粪大肠菌群数（个/100ml）≤ | 4000 | 4000 | 2000a，1000b |
| 16 | 蛔虫卵数（个/L）≤ | 2 | | 2a，1b |

a. 加工、烹调及去皮蔬菜。

b. 生食类蔬菜、瓜类和草本水果。

c. 具有一定的水利灌排设施，能保证一定的排水和地下水径流条件的地区。或有一定淡水资源能满足冲洗土体中盐分的地区，农田灌溉水质全盐量指标可以放宽。

### 附表2-2　农田灌溉用水水质选择性控制项目标准值

| 序号 | 项 目 类 别 | 作物种类 | | |
|---|---|---|---|---|
| | | 水作 | 旱作 | 蔬菜 |
| 1 | 铜（mg/L）≤ | 0.5 | 1 | |
| 2 | 锌（mg/L）≤ | 2 | | |
| 3 | 硒（mg/L）≤ | 0.02 | | |
| 4 | 氟化物（mg/L）≤ | 2（一般地区），3（高氟区） | | |

续表

| 序号 | 项 目 类 别 | 作物种类 | | |
|---|---|---|---|---|
| | | 水作 | 旱作 | 蔬菜 |
| 5 | 氰化物（mg/L）≤ | | 0.5 | |
| 6 | 石油类（mg/L）≤ | 5 | 10 | 1 |
| 7 | 挥发酚（mg/L）≤ | | 1 | |
| 8 | 苯（mg/L）≤ | | 2.5 | |
| 9 | 三氯乙醛（mg/L）≤ | 1 | 0.5 | 0.5 |
| 10 | 丙烯醛（mg/L）≤ | | 0.5 | |
| 11 | 硼（mg/L）≤ | 1[a]（对硼敏感作物），2[b]（对硼耐受性较强的作物），3[c]（对硼耐受性强的作物） | | |

a. 对硼敏感作物，如黄瓜、豆类、马铃薯、笋瓜、韭菜、洋葱、柑橘等。

b. 对硼耐受较强的作物，如小麦、玉米、青椒、小白菜、葱等。

c. 对硼耐受强的作物，如水稻、萝卜、油菜、甘蓝等。

3.1 向农田灌溉渠道排放处理后的养殖业废水及以农产品为原料加工的工业废水，应保证其以下游最近灌溉取水点的水质符合标准。

3.2 当本标准不能满足当地环境保护需要或农业生产需要时，省、自治区、直辖市人民政府可以补充本标准中未规定的项目，作为地方补充标准，并报国务院环境保护行政主管部门备案。

### 4. 监测与分析方法

4.1 监测

4.1.1 农田灌溉水水质基本控制项目，监测项目的布点监测频率应符合NY/T 396的要求。

4.1.2 农田灌溉水水质选择控制项目，由地方主管部门根据当地农业水源的来源和可能的污染物种类选择相应的控制项目，所选择的控制项目监测布点和频率应符合NY/T 396的要求。

## 4.2 分析方法

本标准控制项目的分析方法按附表2-3执行。

附表2-3 农田灌溉水质标准选配分析方法

| 序号 | 分析 | 测定方法 | 方法来源 |
|---|---|---|---|
| 1 | 生化需氧量（BOD$_5$） | 稀释与接种法 | GB/T 7488 |
| 2 | 化学需氧量 | 重铬酸盐法 | GB/T 11914 |
| 3 | 悬浮物 | 重量法 | GB/T 11901 |
| 4 | 阴离子表面活性剂 | 亚甲蓝分光光度法 | GB/T 7494 |
| 5 | 水温 | 温度计或颠倒温度计测定法 | GB/T 13195 |
| 6 | pH值 | 玻璃电极法 | GB/T 6920 |
| 7 | 全盐量 | 重量法 | GB/T 51 |
| 8 | 氯化物 | 硝酸银滴定法 | GB/T 11896 |
| 9 | 硫化物 | 亚甲基蓝分光光度法 | GB/T 16489 |
| 12 | 总汞 | 冷原子吸收分光光度法 | GB/T 7468 |
| 11 | 镉 | 原子吸收分光光度法 | GB/T 7475 |
| 12 | 总砷 | 二乙基二硫代氨基甲酸银分光光度法 | GB/T 7485 |
| 13 | 铬（六价） | 二苯碳酰二肼分光光度法 | GB/T 7467 |
| 14 | 铅 | 原子吸收分光光度法 | GB/T 7475 |
| 15 | 铜 | 原子吸收分光光度法 | GB/T 7475 |
| 16 | 锌 | 原子吸收分光光度法 | GB/T 7475 |
| 17 | 硒 | 2，3-二氨基萘荧光法 | GB/T 11902 |
| 18 | 氟化物 | 离子选择电极法 | GB/T 7484 |
| 19 | 氰化物 | 硝酸银滴定法 | GB/T 7486 |
| 20 | 石油类 | 红外光度法 | GB/T 16488 |

续表

| 序号 | 分析 | 测定方法 | 方法来源 |
|---|---|---|---|
| 21 | 挥发酚 | 蒸馏后4-氨基安替比林分光光度法 | GB/T 7490 |
| 22 | 苯 | 气相色谱法 | GB/T 11937 |
| 23 | 三氯乙醛 | 吡唑啉酮分光光度法 | HJ/T 50 |
| 24 | 丙烯醛 | 气相色谱法 | GB/T 11934 |
| 25 | 硼 | 姜黄素分光光度法 | HJ/T 49 |
| 26 | 粪大肠菌群数 | 多管发酵法 | GB/T 5750—1985 |
| 27 | 蛔虫卵数 | 沉淀集卵法[a] | 《农业环境监测使用手册》第三章中"水质污水蛔虫卵的测定沉淀集卵法" |

注：a暂采用此方法，待国家方法标准颁布后，执行国家标准。

# 附录三　土壤环境质量标准

（ 中华人民共和国国家标准　　GB 15618—1995

Environmental quality standard for soils ）

为贯彻《中华人民共和国环境保护法》防止土壤污染，保护生态环境，保障农林生产，维护人体健康，制定本标准。

## 1. 主题内容与适用范围

1.1　主题内容：本标准按土壤应用功能、保护目标和土壤主要性质，规定了土壤中污染物的最高允许浓度指标值及相应的监测方法。

1.2　适用范围：本标准适用于农田、蔬菜地、菜园、果园、牧场、林地、自然保护区等地的土壤。

## 2. 术语

2.1　土壤：指地球陆地表面能够生长绿色植物的疏松层。

2.2　土壤阳离子交换量：指带负电荷的土壤胶体，借静电引力而对溶液中的阳离子所吸附的数量，以每千克干土所含全部代换性阳离子的厘摩尔（按一价离子计）数表示。

## 3. 土壤环境质量分类和标准分级

3.1　土壤环境质量分类：根据土壤应用功能和保护目标，划分为三类。

Ⅰ类为主要适用于国家规定的自然保护区（原有背景重金属含量高的除外）、集中式生活饮用水源地、茶园、牧场和其他保护地区的土壤，土壤质量基本上保持自然背景水平。

Ⅱ类主要适用于一般农田、蔬菜地、茶园果园、牧场等土壤，土壤质量基本上对植物和环境不造成危害和污染。

Ⅲ类主要适用于林地土壤及污染物容量较大的高背景值土壤和矿产附近

等地的农田土壤（蔬菜地除外）。土壤质量基本上对植物和环境不造成危害和污染。

### 3.2　标准分级

一级标准　为保护区域自然生态、维持自然背景的土壤质量的限制值。

二级标准　为保障农业生产，维护人体健康的土壤限制值。

三级标准　为保障农林生产和植物正常生长的土壤临界值。

### 3.3　各类土壤环境质量执行标准的级别规定

Ⅰ类土壤环境质量执行一级标准。

Ⅱ类土壤环境质量执行二级标准。

Ⅲ类土壤环境质量执行三级标准。

### 4.　标准值

本标准规定的三级标准值，见附表3-1。

附表3-1　土壤环境质量标准值　　　　mg/kg

| 级别 | 一级 | 二级 | | | 三级 |
|---|---|---|---|---|---|
| 土壤pH值 | 自然背景 | <6.5 | 6.5～7.5 | >7.5 | >6.5 |
| 项目 | | | | | |
| 钙≤ | 0.20 | 0.30 | 0.30 | 0.60 | 1.0 |
| 汞≤ | 0.15 | 0.30 | 0.50 | 1.0 | 1.5 |
| 砷 水田≤ | 15 | 30 | 25 | 20 | 30 |
| 砷 旱地≤ | 15 | 40 | 30 | 25 | 40 |
| 铜 农田等≤ | 35 | 50 | 100 | 100 | 400 |
| 铜 果园≤ | | 150 | 200 | 200 | 400 |
| 铅≤ | 35 | 250 | 300 | 350 | 500 |
| 铬 水田≤ | 90 | 250 | 300 | 350 | 400 |
| 铬 旱地≤ | 90 | 150 | 200 | 250 | 300 |
| 锌≤ | 100 | 200 | 250 | 300 | 500 |

续表

| 级别 | 一级 | | 二级 | | 三级 |
|---|---|---|---|---|---|
| 镍≤ | 40 | 40 | 30 | 60 | 200 |
| 六六六≤ | 0.05 | | 0.05 | | 1.0 |
| 滴滴涕≤ | 0.05 | | 0.05 | | 1.0 |

注：1. 重金属（铬主要是三价）和砷均按元素量计，适用于阳离子交换量＞5cmol（+）/kg的土壤，若≤5cmol（+）/kg，其标准值为表内数值的半数。

2. 六六六为四种异构体总量，滴滴涕为四种衍生物总量。

3. 水旱轮作地的土壤环境质量标准，砷采用水田值，铬采用旱地值。

## 5. 监测

5.1 采样方法：土壤监测方法参照国家环保局的〈环境监测分析方法〉、〈土壤元素的近代分析方法〉（中国环境监测总站编）的有关章节进行。国家有关方法标准颁布后按国家标准执行。

5.2 分析方法按附表3-2执行。

附表3-2 土壤环境质量标准选配分析方法

| 序号 | 项目 | 测定方法 | 检测范围（mg/kg） | 注释 | 分析方法来源 |
|---|---|---|---|---|---|
| 1 | 镉 | 土样经盐酸–硝酸–高氯酸（或盐酸–硝酸–氢氟酸–高氯酸）消解后，（1）萃取–火焰原子吸收法测定（2）石墨炉原子吸收分光光度法测定 | 0.025以上 0.05以上 | 土壤总镉 | ①、② |
| 2 | 汞 | 土样经硝酸–硫酸–五氧化二钒或硫、硝酸–高锰酸钾消解后，冷原子吸收法测定 | 0.004以上 | 土壤总汞 | ①、② |
| 3 | 砷 | ①土样经硫酸–硝酸–高氯酸消解后，二乙基二硫代氨基甲酸银分光光度法测定；②土样经硝酸–盐酸–高氯酸消解后，硼氢化钾–硝酸银分光光度法测定 | 0.5以上 0.1以上 | 土壤总砷 | ①、② |

续表

| 序号 | 项目 | 测定方法 | 检测范围（mg/kg） | 注释 | 分析方法来源 |
|---|---|---|---|---|---|
| 4 | 铜 | 土样盐酸–硝酸–高氯酸（或盐酸–硝酸–氢氟酸–高氯酸）消解后，火焰原子吸收分光光度法 | 1.0以上 | 土壤总铜 | ①、② |
| 5 | 铅 | 土样经盐酸–硝酸–氢氟酸消解后，（1）萃取火焰原子吸收测定（2）石墨炉原子吸收分光光度法测定 | 0.4以上 0.06以上 | 土壤总铅 | ② |
| 6 | 铬 | 土样经硫酸–硝酸–氢氟酸消解后，（1）高锰酸钾氧化，二苯碳酰二肼光度法测定（2）加氯化铵液，火焰原子吸收分光光度法测定 | 1.0以上 2.5以上 | 土壤总铬 | ① |
| 7 | 锌 | 土样经硫酸–硝酸–氢氟酸（或盐酸–硝酸–氢氟酸–高氯酸）消解后，火焰原子吸收分光光度 | 0.5以上 | 土壤总锌 | ①、② |
| 8 | 镍 | 土样经盐酸–硝酸–高氯酸（或盐酸–硝酸–氢氟酸–高氯酸）消解后，火焰原子吸收分光光度法测定 | 2.5以上 | 土壤总镍 | ② |
| 9 | 六六六和滴滴涕 | 丙酮–石油醚提取，浓硫酸净化，用带电子捕获检测器的气相色谱仪测定 | 0.005以上 | | GB/T 14550—93 |
| 10 | pH | 玻璃电极法（土∶水=1.0∶2.5） | | | ② |
| 11 | 阳离子交换量 | 乙酸铵法等 | | | ③ |

　　注：分析方法除土壤六六六和滴滴涕有国标外，其他项目待国家方法标准发布后执行，现暂采用下列方法。
　　①《环境监测分析方法》，1983，城乡建设环境保护保护局。
　　②《土壤元素的近代分析方法》，1992，中国环境监测总站编，中国环境科学出版社。
　　③《土壤理化分析》，1978，中国科学院南京土壤研究所编，上海科技出版社。

## 6. 标准的实施

　　6.1　本标准由各级人民政府环境保护行政主管部门负责监督实施，各级人民政府的有关行政主管部门依照有关法律和规定实施。

人参生产加工适宜技术

6.2 各级人民政府环境保护行政主管部门根据土壤应用功能和保护目标会同有关部门划分本辖区土壤环境质量类别，报同级人民政府批准。

附加说明：

本标准由国家环境保护局科技标准司提出。

本标准由国家环境保护局南京环境科学研究所负责起草，中国科学院地理研究所、北京农业大学、中国科学院南京土壤研究所等单位参加。

本标准主要起草人夏家淇、蔡到基、夏增禄、王鸿康、武玫玲、梁伟等。

本标准由国家环境保护局负责解释。

# 附录四　生产绿色食品的农药使用准则

Pesticide Application Guideline for Green Food Production

## 1．范围

本标准规定了AA级绿色食品及A级绿色食品生产中允许使用的农药种类、卫生标准和使用准则。

本标准适用于在我国取得登记的生物源农药（biogenic pesticides）、矿物源农药（pesticides of fossil origin）和有机合成农药（synthetic organic pesticides）。

## 2．引用标准

下列标准所包含的条文，通过在本标准中引用而构成为本标准的条文。在标准出版时，所示版本均为有效。所有标准都会被修订，使用本标准的各方应探讨，使用下列标准最新版本的可能性。

GB 4285—84 农药安全使用标准

GB 8321.1—87 农药合理使用准则（一）

GB 8321.2—87 农药合理使用准则（二）

GB 8321.3—89 农药合理使用准则（三）

GB 8321.4—93 农药合理使用准则（四）

GB 8321.5—1997 农药合理使用准则（五）

GB 8321.6—1999 农药合理使用准则（六）

NY/T 1999 绿色食品产地环境质量标准

### 3．定义

本标准采用下列定义。

3.1　绿色食品：系指遵循可持续发展原则，按照特定生产方式生产，经专门机构认定，许可使用绿色食品标志的无污染的安全、优质、营养类食品。

3.2　AA级绿色食品：系指在生产地的环境质量符合《绿色食品产地环境质量标准》，在生产过程中不使用化学合成的肥料、农药、兽药、饲料添加剂、食品添加剂和其他有害于环境和健康的物质，按有机生产方式生产，产品质量符合绿色食品产品标准，经专门机构认定，许可使用AA级绿色食品标志的产品。

3.3　A级绿色食品：指生产地的环境质量符合《绿色食品产地环境质量标准》，生产过程中严格按照绿色食品生产资料使用准则和生产操作规程要求，限量使用限定的化学合成生产资料，产品质量符合绿色食品产品标准，经专门机构认定，许可使用A级绿色食品标志的产品。

3.4　生物源农药：指直接利用生物活体或生物代谢过程中产生的具有生物活性的物质或从生物体提取的物质作为防治病虫草害的农药。

3.5　矿物源农药：有效成分起源于矿物的无机化合物和石油类农药。

3.6　有机合成农药：由人工研制合成，并由有机化学工业生产的商品化的一类农药，包括中等毒和低毒类杀虫杀螨剂、杀菌剂、除草剂，可在A级绿色食品生产上限量使用。

3.7　AA级绿色食品生产资料：指经专门机构认定，符合绿色食品生产要求，并正式推荐用于AA级和A级绿色食品生产的生产资料。

3.8　A级绿色食品生产资料：指经专门机构认定，符合A级绿色食品生产要求，并正式推荐用于A级绿色食品生产的生产资料。

#### 4．农药种类

4.1　生物源农药

4.1.1　微生物源农药

4.1.1.1　农用抗生素：①防治真菌病害：灭瘟素、春雷霉素、多抗霉素（多氧霉素）、井冈霉素、农抗120、中生菌素等。②防治螨类：浏阳霉素、华光霉素。

4.1.1.2　活体微生物农药：①真菌剂：蜡蚧轮枝菌等。②细菌剂：苏云金杆菌、蜡质芽孢杆菌等。③拮抗菌剂。④昆虫病原线虫。⑤微孢子。⑥病毒：核多角体病毒。

4.1.2　动物源农药：昆虫信息素（或昆虫外激素），如性信息素。

4.1.3　植物源农药：①杀虫剂：除虫菊素、鱼藤酮、烟碱、植物油等。②杀菌剂：大蒜素。③拒避剂：印楝素、苦楝、川楝素。④增效剂：芝麻素。

4.2　矿物源农药

4.2.1　无机杀螨杀菌剂：①硫制剂：硫悬浮剂、可湿性硫、石硫合剂等。②铜制剂：硫酸铜、王铜、氢氧化铜、波尔多液等。

4.2.2　矿物油乳剂

4.3　有机合成农药

#### 5. 使用准则

绿色食品生产应从作物–病虫草等整个生态系统出发，综合运用各种防治措施，创造不利于病虫草害孳生和有利于各类天敌繁衍的环境条件，保持农业生态系统的平衡和生物多样化，减少各类病虫草害所造成的损失。

优先采用农业措施，通过选用抗病抗虫品种，非化学药剂种子处理，培育壮苗，加强栽培管理，中耕除草，秋季深翻晒土，清洁田园，轮作倒茬、间作套种等一系列措施起到防治病虫草害的作用。

还应尽量利用灯光、色彩诱杀害虫，机械捕捉害虫，机械和人工除草等措施，防治病虫草害。特殊情况下，必须使用农药时，应遵守以下准则。

5.1　生产AA级绿色食品的农药使用准则

5.1.1　允许使用AA级绿色食品生产资料农药类产品。

5.1.2　在AA级绿色食品生产资料农药类不能满足植保工作需要的情况下，允许使用以下农药及方法。

5.1.2.1　中等毒性以下植物源杀虫剂、杀菌剂、拒避剂和增效剂。如除虫菊素、鱼藤酮、烟草水、大蒜素、苦楝、川楝、印楝、芝麻素等。

5.1.2.2　释放寄生性捕食性天敌动物，昆虫、捕食螨、蜘蛛及昆虫病原线虫等。

5.1.2.3　在害虫捕捉器中使用昆虫信息素及植物源引诱剂。

5.1.2.4　使用矿物油和植物油制剂。

5.1.2.5　使用矿物源农药中的硫制剂、铜制剂。

5.1.2.6　经专门机构核准，允许有限度地使用活体微生物农药，如真菌制剂、细菌制剂、病毒制剂、放线菌、拮抗菌剂、昆虫病原线虫、原虫等。

5.1.2.7　经专门机构核准，允许有限度地使用农用抗生素，如春雷霉素、多抗霉素（多氧霉素）、井冈霉素、农抗120、中生菌素、浏阳霉素等。

5.1.3　禁止使用有机合成的化学杀虫剂、杀螨剂、杀菌剂、杀线虫剂、除草剂和植物生长调节剂。

5.1.4　禁止使用生物源、矿物源农药中混配有机合成农药的各种制剂。

5.1.5　严禁使用基因工程品种及制剂。

5.2　生产A级绿色食品的农药使用准则。

5.2.1　允许使用AA级和A级绿色食品生产资料农药类产品。

5.2.2　在AA级和A级绿色食品生产资料农药类产品不能满足植保工作需要的情况下，允许使用以下农药及方法。

5.2.2.1　中等毒性以下植物源农药、动物源农药和微生物源农药。

5.2.2.2　在矿物源农药中允许使用硫制剂、铜制剂。

5.2.2.3　有限度地使用部分有机合成农药，应按GB 4285、GB 8321.1、

GB 8321.2、GB 8321.3、GB 8321.4、GB 8321.5、GB 8321.6的要求执行。

　　此外，还需严格执行以下规定：①应选用上述标准中列出的低毒农药和中等毒性农药。②严禁使用剧毒、高毒、高残留或具有三致毒性（致癌、致畸、致突变）的农药。③每种有机合成农药（含A级绿色食品生产资料农药类的有机合成产品）在一种作物的生长期内只允许使用一次（其中菊酯类农药在作物生长期只允许使用一次）。

　　5.2.3.4　严格按照GB 4285、GB 8321.1、GB 8321.2、GB 8321.3、GB 8321.4、GB 8321.5、GB 8321.6的要求控制施药量与安全间隔期。

　　5.2.3.5　严禁使用高毒高残留农药防治贮藏期病虫害。

　　5.2.3.6　有机合成农药在农产品中的最终残留应符合GB 4285、GB 8321.1、GB 8321.2、GB 8321.3、GB 8321.4、GB 8321.5、GB 8321.6的最高残留限量（MRL）要求。

　　5.2.3.7　严格禁止基因工程品种（产品）及制剂的使用。

## 附录五 常用中药材生产推荐使用的农药种类

| 农药名称 | 急性口服毒性 | 剂型 | 防治对象 | 施用量和稀释倍数/次、亩 | 施药方法 | 每季作物最多使用次数 | 末次施药距采收间隔 |
|---|---|---|---|---|---|---|---|
| 敌敌畏 | 中毒 | 50%乳油 80%乳油 | 蚜虫、鳞翅目害虫 | 150～250g 500～1000倍 | 喷雾 | 5 | 不少于5天 |
| 乐果 | 中毒 | 40%乳油 | 蚜虫、鳞翅目害虫 | 1000～2000倍 | 喷雾 | 6 | 不少于7天 |
| 马拉硫磷 | 低毒 | 50%乳油 | 蚜虫、鳞翅目害虫 | 1500～2500倍 | 喷雾 | 1 | 不少于7天 |
| 辛硫磷 | 低毒 | 50%乳油 | 蚜虫、鳞翅目害虫 | 1500～2500倍 | 喷雾 | 1 | 不少于5天 |
| 敌百虫 | 低毒 | 90%固体 | 地下害虫、鳞翅目害虫 | 500～1000倍 | 毒土或喷雾 | 5 | 不少于7天 |
| 抗蚜威（辟蚜雾） | 中毒 | 50%可湿性粉剂 | 蚜虫 | 10～20g | 喷雾 | 2 | 14天 |
| 氯氰菊酯 | 中毒 | 10%乳油 | 蚜虫、鳞翅目害虫 | 2000倍 | 喷雾 | 4 | 7天 |
| 溴氰菊酯（敌杀死） | 中毒 | 2.5%乳油 | 黏虫、蟆虫、食心虫 | 10～25ml | 喷雾 | 2 | 7天 |
| 氰戊菊酯（速灭杀丁） | 中毒 | 20%乳油 | 蚜虫、蟆虫、食心虫 | 20～40ml | 喷雾 | 1 | 10天 |
| 定虫隆（拟太保） | 低毒 | 5%乳油 | 鳞翅目幼虫 | 1000～2000倍 | 喷雾 | 3 | 7天 |
| 除虫脲 | 低毒 | 25%悬浮剂 | 鳞翅目幼虫 | 1600～3200倍 | 喷雾 | 2 | 30天 |
| 塞螨酮（尼索朗） | 低毒 | 5%乳油 5%可湿性粉剂 | 螨 | 1500～2500倍 | 喷雾 | 2 | 30天 |
| 克螨特 | 低毒 | 73%乳油 | 螨 | 2000～3000倍 | 喷雾 | 6 | 不少于21天 |
| 百菌清 | 低毒 | 75%可湿性粉剂 | 霜霉病 | 500～600倍 | 喷雾 | 4 | 3天 |
| 甲霜灵（瑞毒霉） | 低毒 | 58%可湿性粉剂 | 霜霉病 | 500～800倍 | 喷雾 | 3 | 21天 |
| 多菌灵 | 低毒 | 25%可湿性粉剂 | 根腐病、轮纹病 | 500～1000倍 | 喷雾 | 2 | 不少于5天 |

续表

| 农药名称 | 急性口服毒性 | 剂型 | 防治对象 | 施用量和稀释倍数/次、亩 | 施药方法 | 每季作物最多使用次数 | 末次施药距采收间隔 |
|---|---|---|---|---|---|---|---|
| 异菌脲（扑海因） | 低毒 | 25%悬浮剂 50%可湿性粉剂 | 菌核病 | 140～200ml 1000～1500倍 | 喷雾 | 2 | 50天 |
| 腐霉利（二甲菌核利） | 低毒 | 50%可湿性粉剂 | 灰霉病、菌核病 | 40～50g | 喷雾 | 3 | 1天 |
| 三唑酮（粉锈宁） | 低毒 | 15%可湿性粉剂 | 白粉病、锈病 | 500～1000倍 | 喷雾 | 2 | 不少于3天 |

# 附录六  中药材生产中禁止使用的农药种类

| 种类 | 农药名称 | 禁用原因 |
| --- | --- | --- |
| 有机氯杀虫剂 | 滴滴涕、六六六、林丹、艾氏剂、狄氏剂 | 高残毒 |
| 有机磷杀虫剂 | 甲拌磷、乙拌磷、久效磷、对硫磷、甲基对硫磷、甲胺磷、甲基异柳磷、治螟磷、氧化乐果、磷胺、地虫硫磷、灭克磷（益收宝）、水胺硫磷、氯唑磷、硫线磷、杀扑磷、特丁硫磷、克线丹、苯线磷、甲基硫环磷 | 剧毒、高毒 |
| 氨基甲酸酯杀虫剂 | 涕灭威、克百威、灭多威、丁硫克百威、丙硫克百威 | 高毒、剧毒或代谢物高毒 |
| 二甲基甲脒类杀虫杀螨剂 | 杀虫脒 | 慢性毒性、致癌 |
| 卤代烷类熏蒸杀虫剂 | 二溴乙烷、环氧乙烷、二溴氯丙烷、溴甲烷 | 致癌、致畸、高毒 |
| 无机砷杀虫剂 阿维菌素 | 砷酸钙、砷酸铅 | 高毒 高毒 |
| 有机砷杀虫剂 | 甲基胂酸锌（稻脚青）甲基胂酸钙（稻宁）、甲基胂酸铁铵（田安）、福美甲胂、福美胂 | 高残毒 |
| 有机汞杀菌剂 | 氯化乙基汞（西力生）、醋酸苯汞（赛力散） | 剧毒、高残毒 |
| 氟制剂 | 氟化钙、氟化钠、氟乙酸钠、氟铝酸胺、氟硅酸钠 | 易产生药害 |
| 有机氯杀螨剂 | 三氯杀螨醇 | 工业品中含有一定数量的滴滴涕 |
| 有机磷杀菌剂 | 稻瘟净、异稻瘟净 | 异臭 |
| 取代苯类杀菌剂 | 五氯硝基苯、稻瘟醇（五氯苯甲醇） | 致癌、高残留 |

# 参考文献

[1] 王铁生. 中国人参 [M]. 沈阳：辽宁科学技术出版社，2001.

[2] 李艾莲. 人参 [M]. 北京：中国中医药出版社，2001.

[3] 张连学. 中草药育苗技术指南 [M]. 北京：中国农业出版社，2004.

[4] 杨继祥. 药用植物栽培学 [M]. 北京：中国农业出版社，1993.

[5] 中国药材公司. 中国常用中药材 [M]. 北京：科学出版社，1995.

[6] 韩金声. 中国药用植物病害 [M]. 长春：吉林科学技术出版社，1990.

[7] 戚佩坤，白金铠，朱桂香. 吉林省栽培植物真菌病害志 [M]. 北京：科学出版社，1966.

[8] 高微微. 常用中药材病虫害防治手册 [M]. 北京：中国农业出版社，2004.

[9] 王本祥，王铁生，徐东铭. 人参研究进展 [M]. 天津：天津科学技术出版社，1991.

[10] 国家药典委员会. 中华人民共和国药典 [M]. 北京：中国医药科技出版社，2015：8-10.

[11] 黎阳，张铁军，刘素香，等. 人参化学成分和药理研究进展 [J]. 中草药，2009（1）：164-166.

[12] 张崇禧. 人参、西洋参和三七化学成分的研究 [D]. 长春：吉林农业大学，2004.

[13] 张彩，史磊. 人参化学成分和药理作用研究进展. 食品与药品，2016（4）：300-303.

[14] 李阳，王昕，张珈宁. 人参皂苷在人参药食同源应用中的研究进展 [J]. 食品研究与开发，
    2015，36（15）：159-161.

[15] 郭优勤，魏桂林，钟秋明，浅谈人参的临床应用 [J]. 中国现代药物应用，2011，5（7）：
    128-129.

[16] 孙旭. 鲜人参在洗护产品中的应用 [J]. 口腔护理用品工业，2011（12）：42-44.

[17] 孟繁荣. 人参的化学成分与人参产品的质量评价 [J]. 食品安全导刊2016（9）：102.

[18] 冯家. 人参栽培技术 [M]. 长春：吉林科学技术出版社，2007.

[19] 何永明. 人参本草史考源 [J]. 中成药，2001，23（5）：384-386.

[20] 李学军，许伟，单巍. 人参新品种"新开河1号"选育及示范推广 [J]. 人参研究，2015
    （4）：60-61.

[21] 李想，范航，徐源，等. 林下参的栽培及管理技术 [J]. 林业科技通讯，2016（9）：70-72.

[22] 刘兴权，周淑荣，吴连举，等. 山参护育适宜环境条件的选择 [J]. 特种经济动植物，2009
    （3）：41.

[23] 张亚玉，孙海. 林下山参护育技术 [M]. 北京：中国农业科学技术出版社，2015.

[24] 刘兴权，周淑荣，王守本，等. 山参护育提高保苗率的措施 [J]. 特种经济动植物2008
    （8）：39-40.

［25］李艾莲. 人参［M］. 北京：中国中医药出版社，2011.

［26］杨成民，魏建和，隋春，等，我国中药材新品种选育进展与建议［J］. 中国现代中药，2013，15（9）：727-737.

［27］康乐. 我国的"非洲蝼蛄"应为"东方蝼蛄"［J］. 昆虫知识，1993，30（2）：124-127.

［28］郑友兰，张崇禧，李向高. 吉林人参的质量评价指标与方法［J］. 人参研究，2001，13（2）：12-14.